无人机应用技术专业系列教材

彩色
视频版

无人机操控与竞技

第 2 版

深圳市无人机行业协会　组编

主编　贾恒旦　何苏博　杨　刚

副主编　秦雪良　谢　波　王宏伟　许　亮　谢君鹏　兰赐映　陈满梅

参　编　许洪刚　龙锦辉　焦　哲　林　戈　庞思鸣　蒋　斌　王金政

　　　　陈颂文　赖竞豪　王　俊　夏　恒　梁锐波　廖运雄　胡胜利

　　　　官宏基　徐　枫　邓　祥　范中专　黄子杨　贾司晨　马育春

　　　　马树华　余　磊　邹　翔　杨　理　杨　磊　黄锦桂　李汶佳

　　　　吴　鑫　郭曦徽　杨　晶　孟玉霞

机械工业出版社
CHINA MACHINE PRESS

本书根据无人机应用技术专业教学大纲编写而成,内容涵盖了无人机安全、模拟飞行、无人机操控训练、无人机编队、无人机自动巡航、无人机竞技、无人机竞技标准与规范、无人机驾驶员的出路以及国内外无人机最新竞技。本书采用详细的图解方式,尽量反映国内近年来在无人机方面的研究成果和实际应用,让读者能迅速掌握无人机模拟飞行、无人机操控、无人机自动巡航、无人机编队、无人机竞技方面的技术,切实提高无人机操控能力和应用水平。本书配有二维码,扫码可以直接观看无人机模拟飞行、无人机训练、无人机自动巡航、无人机编队、无人机竞技的实例。

本书内容通俗易懂,图文并茂,可读性、实用性强,既可作为职业技术院校和技工院校无人机专业的规范训练教材,又可作为无人机培训用书,还可供无人机从业者与爱好者参考。

图书在版编目（CIP）数据

无人机操控与竞技 / 深圳市无人机行业协会组编；贾恒旦,
何苏博，杨刚主编. —2版. — 北京：机械工业出版社，2024.2（2025.2重印）
无人机应用技术专业系列教材
ISBN 978-7-111-75216-5

Ⅰ.①无… Ⅱ.①深… ②贾… ③何… ④杨… Ⅲ.①无人驾驶
飞机–教材 Ⅳ.①V279

中国国家版本馆CIP数据核字（2024）第043333号

机械工业出版社（北京市百万庄大街22号 邮政编码100037）
策划编辑：侯宪国 　　　　　　责任编辑：侯宪国
责任校对：张爱妮 张 征 　　封面设计：马精明
责任印制：单爱军
北京虎彩文化传播有限公司印刷
2025年2月第2版第3次印刷
169mm×239mm·15.75印张·238千字
标准书号：ISBN 978-7-111-75216-5
定价：69.80元

电话服务　　　　　　　　　　网络服务
客服电话：010–88361066　　机 工 官 网：www.cmpbook.com
　　　　　010–88379833　　机 工 官 博：weibo.com/cmp1952
　　　　　010–68326294　　金 书 网：www.golden-book.com
封底无防伪标均为盗版　　机工教育服务网：www.cmpedu.com

人才的成长、睿智的总结、经验的分享，将成就更多中国无人机驾驶员精英的梦想。

张宝栋

2020 年 8 月

本书编委会

主　任	杨金才	深圳市无人机行业协会	会长
副主任	郎　峰	机械工业出版社技能教育分社	社长
	贾恒旦	株洲翼择无人机有限公司	首席专家
	何苏博	湖南汽车工程职业学院航空工程学院	副院长
	陈玉芝	机械工业出版社技能教育分社	副社长

委员（按姓氏笔画排列）

	王　真	上海技速体育传媒有限公司	联合创始人
	王金政	深圳市新领航电机有限公司	产品经理
	邓　祥	深圳天空领域科技有限公司	总经理
	龙锦辉	深圳市乐迪电子有限公司市场部	经理
	许　亮	无锡睿思凯科技股份有限公司	市场经理
	李雪琦	深圳皮斗科技有限公司	产品经理
	杨　理	象山乾丰模型有限公司	副总经理
	杨　晶	深圳市富斯科技有限公司	技术经理
	杨　磊	深圳艾斯特创新科技有限公司	CEO
	余　磊	北京北穿 FPV 穿越机俱乐部	总经理
	张子楠	北京美冠挚友科技有限公司	总经理
	张宝华	广东北研航空遥感科技有限公司	总经理
	陈颂文	深圳市超级脉冲竞速无人机俱乐部	产品经理
	武建领	深圳市飞翼智能有限公司	总经理
	周　山	大连畅飞青少年无人机俱乐部	总经理
	官宏基	鹰眼航拍科技（香港）有限公司	总经理
	胡胜利	深圳市新领航电机有限公司	总经理
	秦雪良	北京中科浩电科技有限公司	联合创始人、副总经理
	袁凯微	湖南铠宇科技有限公司	总经理
	夏　恒	中国无人机竞速联盟	国家队队员

郭曦徽	湖南航空技师学院	讲师
曹　胜	深圳市飞盈佳乐电子有限公司	总经理
梁锐波	中国无人机竞速联盟	极限航拍师
梁嘉棋	香港无人机基地俱乐部	赛事总监
葛龙生	安徽聚航FPV穿越机俱乐部	主席
蒋　斌	无锡市无人机协会	副会长
焦　哲	深圳市格瑞普电池有限公司	市场部总监
赖竞豪	中国无人机竞速联盟	国际职业飞手
廖运雄	深圳市飞雄科技有限公司	创始人

专家委员（按姓氏笔画排列）

王　俊	深圳市飞盈佳乐电子有限公司	总工程师
王宏伟	深圳市飞翼智能有限公司	副总经理
兰赐映	苏州世利安科技有限公司	总经理
朱志超	卡德克斯技术（深圳）有限公司	法人、总工程师
许洪刚	北京中科浩电科技有限公司职教产品部	经理
李汶佳	广东化骨龙科技有限公司	项目经理
李政裕	深圳创世泰克科技有限公司	总经理
杨　刚	湖南航空技师学院	高级讲师
肖恒志	象山乾丰模型有限公司	总经理
吴　鑫	株洲市航空模型运动协会	副会长
邹　翔	无锡星辰无人机科技有限公司	CEO
张　凯	深圳艾斯特创新科技有限公司	CTO
张长清	深圳天空领域科技有限公司	总工程师
范中专	深圳皮斗科技有限公司	总经理
林　戈	深圳市航空航海车辆模型运动协会	副秘书长
庞思鸣	冲天教育科技（深圳）有限公司	总经理
徐　枫	深圳市天空竞技场科技有限公司	总经理
殷振国	深圳市格瑞普电池有限公司	研发总监
黄子杨	无锡睿思凯科技股份有限公司	销售工程师
黄锦桂	深圳市艾博航空模型技术有限公司	技术总监
谢　波	深圳市乐迪电子有限公司	总经理
谢家文	深圳市新领航电机有限公司	工程部经理
谢君鹏	广东北研航空遥感科技有限公司	教学总监

序

当前，全球军用与民用无人驾驶飞行器的技术和相关产业取得了重大突破和快速发展。据不完全统计，我国作为位居全球民用无人机生产前列的大国，已注册的民用无人机数量就有 40 万架以上，这一数字还在迅速增长。当数以百万、千万计的无人机投入使用时，由谁来操作、谁来管控、谁来维修保障、谁来指挥协调？谁来进行适航考核？怎么飞才能保证安全？大批的无人机操控人员、设备使用人员和维修人员来自何方？无人机专业人才如何培养？这些问题都已到了必须认真加以研究、解决的时候了。

针对我国无人机在教育与培训方面存在的缺陷与不足，需要我们直面问题，抓住机遇，适时转型，赶上时代发展的潮流。为此，当务之急是组建培养无人机"飞行员"、系统操作员、维修人员的专门"航空院校"或在相关职业院校专门设立无人机系和无人机教研室，提前为新型无人机的设计、制造、使用部门培育和储备大批优秀人才。

无人机航空院校的各专业学员（包括"驾驶员"和地面"机组成员"）的操作技能培训是普通高等学校所没有的，这是此类院校或培训班最为突出的特点之一。其教学目标非常明确，即培养智能与技能合一、均衡发展的人才。授课内容注重理论联系实际，并根据无人机驾驶技术、无人机任务设备使用等方面的独特要求，设置不同的、针对性较强的课程。

无人机专业理论和应用课程教材的编写必须符合教学目标、教学体制、教育阶段的相关要求。因为教材质量的高低会直接影响到学员培训的最终效果。

那么，怎样才能编撰出立足于科技发展前沿，符合无人机"飞行员"及相关人才成长规律，满足不同层次教育培训所需的高质量教材呢？首先，必须坚持理论与实践相结合的原则；其次，要牢牢掌握无人机人才的培养规律和特点，依据教育指导思想，力争做到增强补弱、突出重点。

由湖南航空工业职工工学院原副院长、株洲南方航空高级技工学校原副校长贾恒旦担任主编的编写团队，怀着强烈的使命感、责任感编撰了《无人机操控与竞技》一书，本书以培养无人机行业高素质人才为目标，紧紧围绕无人机应用技术专业中最重要、最核心、最关键的实践训练环节——无人机操作控制与竞技这一课程，由浅入深地传授相关知识，循序渐进地深化技能培训。为了保证本书的质量，在策划、撰稿过程中，编写团队找到了一条非常理想的途径——立足于蓬勃发展的中国无人机行业这片沃土，汇集国内无人机行业中众多的顶尖企业、院校、俱乐部、协会和具有丰富经验的高级无人机驾驶员、裁判员以及业内的专家、学者，共同参与本书的编写。在内容选择上，本书严格按照职业标准和教学大纲的要求，与国际无人机竞技标准同步，尽力展现近年来无人机教育、培训方面的最新成果。

本书涵盖了无人机模拟飞行、无人机操控训练（包括从新手到高手的训练方法及步骤）、无人机安全飞行规范和要求、无人机竞技标准与规范、无人机室内外编队方法、无人机驾驶员的职业出路等诸多方面。全书文、图、像并茂，教学方法新颖，内容通俗易懂，具有较强的针对性、实用性、可读性和规范性。本书既可作为无人机应用技术专业技术书籍和实操训练的规范化教材，也可作为无人机爱好者和无人机专业的竞技选手提升操作技能的重要参考读物和工具书。

愿本书能够成为培养新一代我国无人机专业人才的基石和发动机，助力我国无人机产业的持续发展和腾飞。

中国人民解放军空军军事专家
中国中央电视台军事栏目特邀嘉宾

傅前哨

前　言

2020年9月由机械工业出版社出版的《无人机操控与竞技》，在世界无人机大会上首次发布，受到了国内外广大无人机爱好者、无人机专业学生、教师的欢迎和认可；超过220所中、高职业院校无人机专业正在使用本书；本书已重印4次，多次获奖，两弹一星功勋奖章、国家最高科学技术奖、共和国勋章获得者、中国科学院院士、中国探月工程总设计师——孙家栋为本书写了寄语。

无人机操控是掌握控制无人机飞行的基本操作技能，只有熟练掌握了无人机操控技能，才能通过民用无人机驾驶执照考试，开展无人机的各种应用，如物流送货、航空拍摄、航空摄影、地质地貌测绘、森林防火、地震调查、核辐射探测、边境巡逻、应急救灾、农作物估产、农田信息监测、管道和高压输电线路巡查、野生动物保护、科研实验、海事侦察、鱼情监控、环境监测、大气取样、增雨、资源勘探、反恐、警用侦查巡逻、治安监控、消防航拍侦查、通信中继、城市规划、数字化城市建设等，另外无人机也需要通过规范化的操控，才能规避无人机在飞行中的各种风险。而无人机竞速运动是基于穿越机（FPV）无人机衍生出来，集文化、科技、体育三位一体的全新电子竞技极限运动，2018年世界航联在中国深圳举办首届世界无人机竞速锦标赛；国家体育总局2023年9月18日将无人机竞赛项目正式列入中华人民共和国第十五届群众运动会（简称：全运会项目）。

随着人工智能、竞技时代的飞速发展，无人机作为一项先进的应用技术和竞技逐渐进入人们的视野，同时无人机应用市场和无人机竞技市场也在快速增长，对无人机驾驶员和无人机竞技运动员的需求也在成倍增加。

为了适应无人机事业的发展，及时跟进世界无人机技术的快速发展，现对《无人机操控与竞技》进行修订。

本次修订，本着以提高读者对无人机专业知识全面的认识、提升对学习无人机的兴趣需要为本位，少而精、实用、够用为主线，力求体现科学性、先进性和前沿性。

在本次修订中，对第 4 章微型无人机训练部分进行修订，新增了轻型无人机（F450）基本操作训练内容、考核细则及考证训练内容。对第 8 章和第 9 章无人机竞技部分内容进行修订，新增了无人机足球竞赛起源、竞赛内容及竞赛规则。

同时，本书融入了素质教育内容，并增加了教学要求。

由于编者水平有限，时间仓促，书中难免存在不足之处，恳请广大读者批评指正。

编　者

目 录

第1章 无人机概述

➡ **知识目标**

1）熟知无人机及驾驶员的概念。

2）熟知多旋翼无人机的概念。

3）熟知无人机用途。

4）熟知无人机与航空模型的区别及相互转换。

➡ **能力目标**

1）对无人机及驾驶员有比较全面的认知。

2）对多旋翼无人机有比较全面的认知。

3）对无人机用途有比较全面的认知。

4）会解读无人机与航模的区别及相互转换。

➡ **素质目标**

1）与团队成员协作，开展无人机安全作业。

2）树立无人机安全作业的岗位意识。

1.1 无人机及驾驶员

1.1.1 无人机

中国民用航空局对无人机的定义：无人机（UA：UnmannedAircraft）是由控制站管理（包括远程操纵或自主飞行）的航空器。

1.1.2 无人机驾驶员

国家人力资源和社会保障部对无人机驾驶员职业的定义：通过远程控制

设备，驾驶无人机完成既定飞行任务的人员。

中国民用航空局对无人机系统驾驶员的定义：对无人机的运行负有必不可少职责，并在飞行期间适时操纵无人机的人。

1.2　多旋翼无人机

多旋翼无人机与竹蜻蜓有着异曲同工之妙，竹蜻蜓，如图 1-1 所示，靠旋翼旋转产生向上的升力而飞起来，而多旋翼无人机则由电动机或发动机旋转，带动螺旋桨叶旋转产生升力而飞起来，如图 1-1 所示。

图 1-1　竹蜻蜓

1.3　无人机的用途

1.3.1　无人机的应用

送花

随着无人机的快速发展，其应用领域也越来越广泛：农业植保，如图 1-2 所示；物流配送，如图 1-3、图 1-4 所示；野外应急照明，如图 1-5 所示；道路实时监控，如图 1-6 所示；天然气管道巡查，如图 1-7 所示；影视拍摄，如图 1-8 所示；电力巡线、拉线，如图 1-9 所示；空中救援，如图 1-10 所示；航空遥感，如图 1-11 所示；高楼灭火，如图 1-12 所示；环境监测，如图 1-13、图 1-14 所示；载人，如图 1-15、图 1-16 所示。

图 1-2　农业植保
（图片源自：极飞）

图 1-3　送礼物
（图片源自：科卫泰）

图 1-4　送花
（图片源自：AEE）

图 1-5　野外应急照明

图 1-6　道路实时监控
（图片源自：JTT）

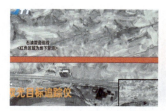

图 1-7　天然气管道巡查

图 1-8　影视拍摄
（图片源自：TOP）

图 1-9　电力巡线、拉线
（图片源自：艾特航空）

图 1-10　空中救援
（图片源自：山河科技）

图 1-11　航空遥感
（图片源自：山河科技）

图 1-12　高楼灭火

图 1-13　环境日间监测
（图片源自：TOP）

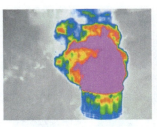

图 1-14 环境夜间监测
（图片源自：JIT）

图 1-15 载人无人机（一）
（图片源自：庞思鸣）

图 1-16 载人无人机（二）
（图片源自：亿航）

1.3.2 无人机竞技

随着 2018 年 11 月首届世界无人机锦标赛在中国深圳市举办，穿越机竞赛已经正式列入国家体育竞技项目。2019 年 8 月在俄罗斯喀山举行第 45 届世界技能大赛的同时，还举办了未来技能竞赛，无人机装配、调试项目进入了未来技能竞赛。2020 年 2 月 25 日国家人力资源和社会保障部、国家市场监管总局、国家统计局已正式将无人机装调检修工职业列入国家 16 个新增职业。

1.4 无人机与航空模型的区别

1.4.1 飞行控制方式不同

无人机有导航飞控系统，可以实现自主飞行。航空模型没有导航飞控系统，必须通过人操作遥控器来控制航空模型（穿越机）的飞行。

1.4.2 用途不同

无人机主要用于军事、民用。航空模型主要用于飞行训练、竞技、表演、娱乐。

1.4.3 飞行距离不同

无人机可超视距执行任务，最大飞行距离可超过 10000km。航空模型只能在视距内飞行。

1.4.4　管理体制不同

中国民用无人机由中国民用航空局统一管理。中国航空模型（穿越机）由国家体育总局航空无线电模型运动管理中心统一管理。

1.5 **无人机与航模可以实现相互转换**

航空模型安装了飞控系统，实现超视距自主飞行，便成了无人机。无人机拆除了飞控系统，只能在视距内遥控飞行，便成了航空模型。

 小知识　歼击机［中华人民共和国成立 70 周年］歼击机梯队

复 习 思 考 题

1. 无 人 机（UA：UnmannedAircraft）， 是 由 _____ 管 理（包 括 _____ 或 _____ 飞行）的 _____。

2. 国家 _____ 对 _____ 驾驶员职业的定义：通过 _____，驾驶无人机完成 _____。

3. 国家 _____ 对 _____ 驾驶员的定义：对无人机的 _____，并在飞行期间 _____ 的人。

4. 在航空模型安装了 _____ 系统，无人机可以实现 _____、_____ 飞行。

5. 无人机与航模可以实现 _____ 转换。

6. 航空模型（穿越机）由国家 _____ 总局 _____ 中心统一管理。

7. 我国 _____ 无人机由中国民用航空局统一管理。

8. 无人机 _____ 执行任务，最大飞行距离可超过 10000km 以上。

9. 多旋翼无人机是由 _____ 或 _____ 的 旋 转，带 动螺旋桨叶旋转产生升力而飞起来。

10. 多旋翼是依靠多个 _____ 产生的 _____ 来平衡无人机的重力，让无人机飞起来。

扫码查看答案

第 2 章　无人机安全

➡️ **知识目标**

1）熟知无人机安全法规。

2）熟知无人机安全防范。

3）熟知无人机安全防范措施。

➡️ **能力目标**

1）对无人机安全法规有比较全面的了解。

2）对无人机安全防范有比较全面的认知。

3）掌握无人机安全防范措施。

➡️ **素质目标**

1）与团队成员协作，开展无人机安全作业。

2）树立无人机安全作业的岗位意识。

2.1　无人机安全法规

2.1.1　无人机管理体制

1. 美国

美国无人机是由美国联邦航空管理局（Federal Aviation Administration，FAA）107 部管理，航空模型按公共法由 336 部管理。

2. 加拿大

加拿大无人机由加拿大交通部管理。

3. 欧盟

欧盟无人机由欧洲航空安全局管理。

4. 法国

法国无人机由法国民用航空总局（DGAC）管理。

5. 印度

印度无人机由印度民用航空局（DGCA）管理。

6. 中国

我国民用无人机由中国民用航空局（CAAC）管理，航空模型由国家体育总局航空无线电模型运动管理中心管理。

2.1.2 无人机管理办法及法规摘要

1. 美国联邦航空管理局（FAA）

美国境内的所有小型无人机必须在外部贴上无人机的身份证号——码标识符（注册 ID 号码）。这个规定从 2019 年 2 月 23 日起生效。

2. 加拿大交通部

1）所有重量在 250g~25kg（0.55~55lb）之间的无人机都必须进行登记。

2）无人机分为两类：基本型（视距内）和高级型（非视距内）。

3）获得无人机飞行员证书的基本条件：

① 从 2019 年 2 月开始，必须是加拿大公民或永久居民，且年满 14 岁。

② 基本型（视距内）无人机飞行员，需要通过基本通用飞行在线考试。

③ 高级型（非视距内）无人机飞行员，除参加基本通用飞行考试外，还要通过无人机飞行审查。

3. 欧洲航空安全局

从 2019 年起，正式对无人机的使用实施安全条例：

1）建立公共无人机飞行系统"U-Space"。

2）无人机只能用于低空飞行，其飞行高度不得超过 150m。

3）启用无人机自动识别系统。

① 自动识别无人机的电子身份。

② 自动识别地理电子围栏。

4. 法国民用航空总局

允许具有 Azur 全自动无人机监控系统的无人机自主飞行。

5. 印度民航总局

1）禁止外籍人员在印度操纵遥控飞机和无人机。

2）无人机需要获得印度民航总局公布的单一识别码（UIN）。

3）商用无人机每次操纵飞行都必须使用无人驾驶飞机操纵许可证（UAOP），其数据来源于天空平台。

6. 中国民用航空局

1）2018 年 3 月 21 日，中国民用航空局发布《民用无人驾驶航空器经营性飞行活动管理办法（暂行）》，从 2018 年 6 月 1 日起执行。该办法规定：

① 最大空机重量为 250 g 以上（含 250g）的无人驾驶航空器，开展航空喷洒（撒）、航空摄影、空中拍照、表演飞行等作业类和无人驾驶航空器驾驶员培训类的经营活动适用于该办法。

② 无人驾驶航空器开展载客类和载货类经营性飞行活动暂时不适用该办法。

从 2018 年 9 月 1 日起，中国民用航空局全面负责无人机驾驶员证照管理，通过考核合格后，由中国民用航空局颁发无人机驾驶员电子执照。

2）中国首个无人机综合监管平台于 2018 年 11 月 19 日正式上线。

3）2018 年 12 月 29 日，第十三届全国人大常委会第七次会议表决通过修正《中华人民共和国民用航空法》的决定，对无人驾驶航空器立法授权等 3 处内容进行调整。

4）2019 年 2 月 26 日上午，深圳市公布了《深圳市民用微轻型无人机管理暂行办法》。

5）2018 年 1 月 26 日，国务院、中央军事委员会空中交通管制委员会办公室发布《无人驾驶航空器飞行管理暂行条例（征求意见稿）》。

6）2019 年 2 月，中国民用航空局飞行标准司、航空器适航审定司和空管行业管理办公室联合发布了《特定类无人机试运行管理规程》（AC-92-01），针对特定类行业级无人机应用启动无人机空中交通空域管理、流量管理、飞行管制与风险评估等研究与试点。

7）2019 年 4 月 3 日，国家人力资源和社会保障部等部门公布无人机驾驶员为新增职业。

8）2019 年 8 月，中国民用机场协会发布了《民用机场无人驾驶航空器系统监测系统通用技术要求》。

9）2019 年 11 月 19 日，中国民用航空局下发了关于印发《轻小型民用无人机飞行动态数据管理规定》的通知。

10）2019 年 12 月 5 日，国家工业和信息化部公开征集对《民用无人机地理围栏数据技术规范》等两项强制性国家标准计划项目的意见，并予以公示。

11）2020 年 2 月 25 日，国家人力资源和社会保障部、国家市场监管总局、国家统计局公布：无人机装调检修工为新增职业。

12）2020 年 3 月 30 日中国民用航空局航空器适航审定司发布：民用无人机驾驶航空器系统适航审定管理程序（征求意见稿）、民用无人驾驶航空系统实名登记管理程序（征求意见稿）、民用无人驾驶航空系统适航审定项目风险评估指南（征求意见稿）三个文件。

13）2023 年 6 月 28 日国务院、中央军事委员会发布《无人驾驶航空器飞行管理暂行条例》。

7. 全球

1）建立了世界无人机统一技术规范，国际标准化组织（ISO）发布了全球首个无人机使用标准草案 ISO/CD 21384-1，于 2019 年 2 月起纳入 ISO 标准体系。

2）2019 年 12 月，国际标准化组织（ISO）宣布了世界上第一个 ISO 批准的无人机标准。

2.2　无人机安全防范

2.2.1　无人机锂电池充电安全防范注意事项

1）锂电池充电时，温度控制在 5~45℃。

2）室温下，锂电池充电前电芯的温度不允许超过 45℃。

3）充电电流不允许超过说明书中标识的最大电流。一般不允许超过 2C~3C。

4）存在鼓胀、变形、泄漏或电压低于 3.0V 现象的锂电池，不允许再进行充电。

5）充电的上限电压不允许超过 4.22V，充电时的温度不得高于 45℃。

6）一定要选用正规厂家生产的质量可靠的充电器。

7）锂电池组进行充电时，一定要采用具有平衡功能的充电器，如图 2-1 所示。

8）锂电池组进行充电时，一定要有人值守。

图 2-1　锂电池与具有平衡功能的充电器连接

（图片源自：格瑞普电池）

2.2.2　锂电池的着火现象

1）锂电池过充、过放电。锂电池组中单个电芯不平衡，容易导致锂电池过充或者过放电，致使锂电池着火，如图 2-2 所示。

2）锂电池被刺破。尖锐物品刺伤了锂电池，导致锂电池正、负极片短路，容易导致锂电池着火，如图 2-3 所示。

3）锂电池受到撞击变形。锂电池组在受到撞击、挤压等外力的作用下，

图 2-2　锂电池过充电着火后的残骸

（图片源自：格瑞普电池）

会出现变形，导致锂电池正、负极片短路，容易导致锂电池着火，如图 2-4
所示。

　　4）锂电池外部短路。锂电池外部短路会引起锂电池正、负极短路或保
护板元件短路，容易导致锂电池着火。

　　5）锂电池内部短路。由于粉尘、毛刺刺破隔膜，容易导致锂电池着火。

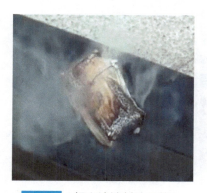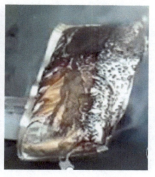

图 2-3　锂电池被刺破后着火　　　　　图 2-4　锂电池受到撞击变形后着火
（图片源自：格瑞普电池）　　　　　　　（图片源自：格瑞普电池）

2.2.3　无人机锂电池消防措施

1. 锂电池燃烧正确灭火方法

　　1）锂电池组在充电过程中起火时，首先要切断充电设备的电源。

　　2）迅速使用石棉手套或火钳，取下充电器上正在燃烧的锂电池，立刻
搁置于地面或消防沙桶中。

　　3）立刻用石棉毯（图 2-5）盖住地面上锂电池燃烧的火苗。

　　4）使用工兵铲铲上消防沙（图 2-6）掩埋在石棉毯上，彻底隔绝空气
将火熄灭。

2. 灭火的注意事项

　　1）使用干粉灭火器效果不好，因干粉对扑灭固体金属化学类的火灾效
果不佳，需要大量干粉才能起到完全覆盖作用，而且对设备、设施腐蚀严重，
并且污染环境。

图2-5　石棉毯及石棉手套

图2-6　消防沙、火钳、工兵铲

（图片源自：格瑞普电池）

2）采用二氧化碳灭火器不会污染环境和腐蚀设备、设施，但只能对火苗瞬间起到抑制作用，必须配合使用消防沙、石棉毯，才能将火势彻底隔离、熄灭，是扑灭锂电池起火的最好方法。

3）第一发现者除了应尽快组织扑救外，还要立即使用通信工具通知值班、保安及其他人员进行增援，必要时报火警以减少财产损失和人员伤害。

3. 报废锂电池的处理

1）隔离标识。判定为报废的锂电池（图2-7），需标识清楚并单独存放，严禁再对报废的锂电池进行充电或放电，临时存放的报废锂电池必须放在铁柜、铁桶中，满足消防的防火要求。

2）浸泡盐水。使用宽口的容器盛装（周转筐、铁桶等，如图2-8所示），按照盐与水1:20的比例配制盐水，如图2-9、图2-10所示，需要放置在四周空旷的户外（周边必须无易燃、易爆物品），再将锂电池浸泡在盐水中，如图2-11所示。锂电池浸泡在盐水中浸泡6h，如图2-12~图2-14所示。一次浸泡不得超过4组锂电池。

3）浸泡6h后，确认没有气泡再冒出时，就需要使用火钳将报废锂电池的残骸取出，确认报废锂电池无电压（图2-15）或不再发热后，可当一般固体废弃物处理，如图2-16所示。

4）在条件允许的情况下，最好联系生产厂家协助处理报废的锂电池。

图 2-7　报废的锂电池

图 2-8　周转筐

图 2-9　盐与水比例 1:20

（图片源自：格瑞普电池）

图 2-10　搅匀

图 2-11　放入锂电池进行浸泡

图 2-12　初始期（开始）

（图片源自：格瑞普电池）

图 2-13　2h 时产生微量气泡

图 2-14　6h 时无气泡

（图片源自：格瑞普电池）

图 2-15　锂电池电量已经消耗完毕

图 2-16　集中回收处理

（图片源自：格瑞普电池）

2.3   无人机安全操作防范措施

2.3.1   安全特别提示

1）操控无人机具有一定的安全风险！

2）无人机不适合 6 岁以下的儿童使用。

3）未满 17 岁的青少年使用无人机时，必须要有监护人或训练教师陪护。

4）始终使无人机与人保持至少 30m 的距离。

5）夜间或者恶劣天气不得操作无人机飞行。

6）不能同时操作多架无人机飞行。

2.3.2   安装螺旋桨叶的规定

1）安装螺旋桨叶的要点就是：保证安全。

2）在安装螺旋桨叶前，一定要确认：

① 无人机必须处于断电状态。

② 遥控器必须处于关闭状态。

安装螺旋桨叶如果不按照规定去操作，就容易发生安全事故，如图 2-17 所示。

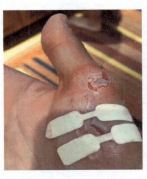

图 2-17　被螺旋桨叶
打伤的手

（图片源自：FOXEER）

2.3.3   国内部分省市已经公布的禁飞区域

1. 北京市

1）六环以内。

2）飞机场净空保护区。

2. 重庆市

1）党政机关等重点地区。

2）民用机场沿跑道中心线两侧各 10km、跑道端（尽头）外 20km 范围内的净空保护区域。

3）军工、通信、供水、供电、能源供给、危险化学物品储存、大型物资储备等重点防控目标区。

4）车站、码头、港口、商圈、街道、公园、大型活动场所、展览馆、学校、医院等人员密集区域。

5）市、区县（自治县）人民政府公告的临时管制区域。

3. 广东省

1）机场净空保护区（机场跑道中心线两侧各 10km、跑道两端各 20km 范围），民航航路、航线，高速和普通铁路、公路以及水上等交通工具运行沿线、区域。

2）党政机关，军事管制区，通信、供水、供电、能源供给、危化物品储存、大型物资储备、监管场所等重点敏感单位及其设施。

3）大型活动场所、公众聚居区、车站、码头、港口、广场、公园、景点、商圈、学校、医院等人员密集区域。

4. 江苏省

1）各地公布的机场净空保护区。

2）政府机关，军事机关，军事设施、水电油气设施、危化品单位等重点部位。

3）飞机场、车站、港口码头、景点、商圈等人员稠密区域。

4）大型活动、重要赛事现场，以及政府临时公告的禁止飞行区域。

5. 四川省

1）民用机场沿跑道中心线两侧各 10km、跑道端外 20km，军用机场沿跑道中心线两侧各 15km、跑道端外 20km 范围内的净空保护区域。

2）军事管理区、监狱、发电厂及其周边 100m 范围内。

3）铁路和高速公路、超高压输电线路及其两侧 50m 范围内。

4）大型军工、通信、危险化学物品生产储存、物资储备等重点防控目标区。

5）省和市（州）人民政府公告的临时管制区域。

6. 河南省

1）郑州市行政区内禁止"低慢小"航空器擅自飞行。

2）机场周边、大型活动现场等区域禁飞。

3）大型群众性活动现场、重点要害目标单位及附近、军事管制区以及机场净空保护区等区域。

4）除经批准执行特殊任务外，禁止一切"低慢小"航空器升空飞行。

7. 深圳市

（1）微型无人机

1）真高 50m 以上范围。

2）机场、临时起降点围界内以及周边 3000m 范围。

3）香港特别行政区边界线到深圳一侧 100m 范围。

4）军事禁区以及周边 500m 范围，军事管理区、市级（含）以上党政机关、监管场所、口岸、海关监管区以及周边 200m 范围等。

（2）轻型无人机

1）真高 120m 以上范围；军用机场净空保护区，民用机场障碍物限制面水平投影范围。

2）有人驾驶航空器和大型无人机临时起降点以及周边 3000m 范围。

3）香港特别行政区边界线到深圳一侧 500m 范围。

4）军事禁区以及周边 2000m 范围，军事管理区、市级（含）以上党政机关、监管场所、口岸、海关监管区以及周边 500m 范围等。

2.3.4　飞行环境

1）训练时，禁止围观人员进入飞行空间。

2）室外飞行时，在远离人群、机场、建筑物及电磁干扰源的开阔场地飞行，并控制在视距范围内。

2.3.5　飞行前检查

1）飞行前，确保无人机的锂电池电量充足，每块锂电池电压为 4.2V 满额；无人机起飞时，锂电池的电压不得低于 3.7V（充电时长一般为 1.5~2h，不可长时间充电，以免造成锂电池损伤）。

2）确保螺旋桨无破损，并且安装牢固。

3）确保无人机电动机清洁无损。

4）确保遥控器电量充足，与无人机连接正常。

2.3.6　无人机操控注意事项

1）在未准备好飞行之前，禁止使用遥控器解锁无人机。

2）禁止靠近工作中的螺旋桨和电动机。

3）在视距内，无人机飞行时，禁止同时向内或向外拨动遥控器的左、右摇杆，否则将会导致飞行中的无人机坠落。只有在特殊紧急的情况下，才能使用此功能。

4）无人机在飞行过程中，禁止接听电话、发送短信和微信。

5）禁止喝酒、吃药后操控无人机。

6）无人机发出低电量警示时，必须立即返航。

7）无人机降落后，必须先关闭无人机的电源，再关闭遥控器。

8）遥控器需要轻拿、轻放，在操作摇杆和拨动开关时，只需要轻微操作，切不可用力拨弄，以防损坏遥控器的零部件。

9）接近无人机时，要确保使用遥控器对无人机进行锁定。

2.3.7　保养

1）在每一次飞行前，检查并及时更换变形和破损的螺旋桨。

2）无人机与锂电池适合在 22~28℃ 的环境中长期存放。

 小知识　小邮票上的大机场

复习思考题

1. 在美国，无人机是由美国_____管理。

2. 从 2018 年 9 月 1 日起，中国民用航空局全面负责无人机_____管理。

3. 中国首个无人机_____于 2018 年 11 月 19 日正式上线。

4. 2019 年 4 月 3 日，国家人力资源和社会保障部公布：无人机驾驶员为_____。

5. 2020 年 2 月 25 日，国家人力资源和社会保障部、国家市场监管总局、国家统计局公布：_____为新增职业。

6. 为建立世界无人机统一技术规范，_____发布了全球首个无人机使用标准草案_____，于 2019 年 2 月起纳入_____体系。

7. 锂电池充电时,温度范围控制在_____。

8. 充电电流不允许超过说明书中标识的_____电流。

9. 存在_____、_____、_____或电压低于_____V 现象的锂电池，不允许再进行_____。

10. 充电的上限电压不允许超过_____V，充电时的温度不得高于_____℃。

11. 锂电池组进行充电时，一定要采用具有_____的充电器。

12. 锂电池组进行充电时，一定要_____。

13. 锂电池_____、_____，导致锂电池容易着火。

14. 锂电池被_____，导致锂电池容易_____。

15. 锂电池受到_____，导致锂电池容易_____。

16. 锂电池组在充电过程中起火时，应首先切断设备的_____。

17. 迅速使用_____或_____，取下充电器上正在燃烧的锂电池，马上搁置于_____或_____中。

18. 马上用_____盖住地面上锂电池燃烧的火苗。

19. 使用_____消防沙掩埋在石棉毯上，彻底_____将火窒息。

20. 临时存放报废的锂电池必须放在_____、_____中，满足_____要求。

21. 判定为_____的锂电池，需_____，并_____存放。

22. _____再对_____的锂电池进行_____或_____。

23. 操控无人机具有一定的_____。

24. 无人机不适合_____岁以下的儿童使用。

25. _____岁的青少年使用、训练无人机，必须要有_____或_____陪护。

26. 无人机飞行训练时，禁止_____进入_____空间。

27. 无人机在室外飞行时，应在远离_____、_____、_____及_____的开阔场地飞行，并控制在_____范围内。

28. 在_____飞行之前，禁止使用遥控器_____无人机。

29. 禁止靠近工作中的_____和_____。

30. 无人机在飞行过程中，驾驶员禁止_____、_____、_____。

31. 禁止_____、_____后，操控无人机。

32. 无人机发出低电量警示时，必须_____。

33. 接近无人机时，要确保使用中的_____对无人机进行_____。

扫码查看答案

第3章 模拟飞行

➡ **知识目标**

1）熟知模拟飞行的优势。

2）熟知遥控器。

3）熟知模拟飞行软件。

➡ **能力目标**

1）对模拟飞行的优势有比较全面的了解。

2）对遥控器有比较全面的认知。

3）掌握模拟飞行的操作方法。

➡ **素质目标**

1）与团队成员协作，开展无人机安全作业。

2）树立无人机安全作业的岗位意识。

　　模拟飞行是成为无人机驾驶员的入门训练，通过模拟飞行训练，既可以有效地降低训练成本，又可以快速地提升无人机驾驶的能力。

　　模拟飞行是依托计算机硬件和软件技术，应用互联网、局域网环境，近似于真实无人机的仿真飞行操作技术的训练。

3.1　模拟飞行的优势

　　1）所使用的器材是普通的计算机及模拟器，降低了无人机的炸机频率，具有良好的经济性。

　　2）在基础训练方面，无人机模拟飞行与无人机真实飞行具有融通性。

3）高度仿真及互动性强，使模拟飞行具有实用性和应用性。

4）时间上灵活，不受设备、天气、场地和管理上的限制，在家里也可以练习。

5）没有电量限制，可以长时间进行练习。

6）通过规范的无人机模拟飞行，可以非常快地适应无人机真实飞行培训。

当然，无人机模拟飞行不能完全代替真实无人机飞行，但是对于练习模拟飞行和熟悉遥控器的操作是非常有益的，是进入无人机操作训练的第一步，也是重要的一步。

3.2　遥控器双手操作方法

1）双手单指，如图 3-1~ 图 3-3 所示。

图 3-1　双手单指　　　　图 3-2　双手单指站姿　　　　图 3-3　双手单指坐姿

（图片源自：乐迪）

2）双手双指，如图 3-4~ 图 3-6 所示。

图 3-4　双手双指（捻指）　　图 3-5　双手双指站姿　　图 3-6　双手双指坐姿

（图片源自：乐迪）

3.3　认识遥控器

3.3.1　美国手与日本手

1）美国手：左手拇指控制油门和方向操作杆，右手拇指控制升降和副翼操作杆，遥控器设置：MODE2。

2）日本手：左手拇指控制升降和方向操作杆，右手拇指控制油门和副翼操作杆，遥控器设置：MODE1。

3）"美国手"与"日本手"有明显的区别：

① "美国手"控制方式跟载人飞机的操作方式相似，即载人飞机的驾驶是用左手操作油门，用右手操作驾驶杆控制升降舵和副翼，以控制飞机的飞行姿态。

② 对于大多数人来说右手比较灵活，另外在操作多旋翼时右手更方便，所以本书主要介绍"美国手"。

③ 如果使用者左手灵活或者用左手操作固定翼、航模，则使用"日本手"方便。

3.3.2　遥控器

1）乐迪遥控器的界面，如图3-7所示。

2）乐迪遥控器左、右手操作杆功能见表3-1。

表3-1　乐迪遥控器左、右手操作杆功能

左侧摇杆（油门）	向前油门加大	向后油门减小	向左	向右	右侧摇杆	向前推	向后拉	向左	向右
无人机动作	上升	下降	逆时针转	顺时针转	无人机动作	向前飞	向后飞	向左飞	向右飞

3）选择开关A、B模式，见表3-2。

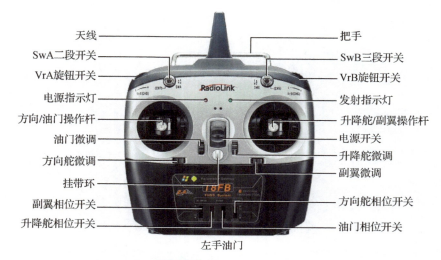

图 3-7 遥控器的界面

（图片源自：乐迪）

表 3-2 选择开关 A、B 模式

开关 A	开关 B	模式
上	上	Stabilize（自稳）
上	中	AltHold（定高）
上	下	Land（降落）
下	上	Loiter（留待）
下	中	Loiter（留待）
下	下	Land（降落）

3.4 凤凰模拟飞行软件

3.4.1 凤凰模拟飞行软件与遥控器（图 3-8）

凤凰模拟飞行软件安装步骤如下：

1）双击飞行模拟器光盘中的 "autorun.exe" 文件（提示：对于 Win7 系统，最好以管理员身份运行，否则有些计算机会装不上模拟控制台），如图 3-9 所示。

图 3-8　模拟飞行软件与遥控器图　　图 3-9　"autorun.exe" 文件

（图片源自：中科浩电）

2）单击"简体中文菜单"，如图 3-10 所示。

3）单击"安装　模拟器控制台"，如图 3-11 所示。

图 3-10　单击"简体中文菜单"　　图 3-11　单击"安装　模拟器控制台"

（图片源自：中科浩电）

4）安装完毕后，计算机桌面上会出现模拟器控制台图标，如图 3-12 所示。

5）单击"安装　PhoenixRC 5"，选择安装语言，如图 3-13a 所示。

6）单击"下一步"，显示准备安装界面，请等待片刻，如图 3-13b 所示。

7）选中"我接受许可证协议中的条款"单选按钮，并单击"下一步"，如图 3-14 所示。

8）用英文字母填写用户名和公司名称，如图 3-15 所示。

图 3-12　模拟器控制台图标

（图片源自：中科浩电）

a）选择安装语言　　　　　　　　b）准备安装界面

图 3-13　软件安装

（图片源自：中科浩电）

图 3-14　许可证协议　　　　图 3-15　信息填写

（图片源自：中科浩电）

9）选择"完全（C）"单选按钮，然后单击"下一步"，如图 3-16 所示。

10）直接单击"安装"，如图 3-17 所示。

图 3-16　安装类型　　　　图 3-17　开始安装

（图片源自：中科浩电）

11）正在安装中，请等待，如图3-18所示。

12）安装完毕后，单击"完成"按钮，如图3-19所示。

图 3-18　正在安装中　　　　图 3-19　安装完成

（图片源自：中科浩电）

3.4.2　连接遥控器

1）凤凰飞行模拟器其他硬件：光盘文件，蓝色的U盘（USB加密锁）等，如图3-20所示。

图 3-20　飞行模拟器其他硬件

（图片源自：中科浩电）

2）在遥控器上插上蓝色的U盘（加密锁），另一端连接到计算机的USB口上，U盘（加密锁）指示灯快速闪烁（首次使用时，可能同时提示正在自动安装驱动），当指示灯由快闪变成不闪烁时，说明识别、安装成功，如图3-21所示。

图 3-21　计算机、遥控器、U 盘（加密锁）识别

（图片源自：中科浩电）

3.4.3　模拟软件升级

1）完成硬件连接后，双击桌面上的飞行模拟器控制台方式图标，如图 3-12 所示。

2）右键单击任务栏中的控制台，并选择"Phoenix RC"，如图 3-22 所示。

3）第一次打开软件时，可能会提示选择（凤凰）模拟器的安装位置，其默认安装在 C:\Program Files（X86）\PhoenixRC，切换到该路径后，单击"Phoenix RC"，如图 3-23 所示。

图 3-22　选择"Phoenix RC"

图 3-23　单击"Phoenix RC"

（图片源自：中科浩电）

4）当提示软件有更新，是否更新时，单击"否"，如图 3-24 所示。

5）单击"Advanced"，在下拉栏中选择"install an update"，如图 3-25 所示。

图 3-24　软件更新

图 3-25　选择"install an update"

（图片源自：中科浩电）

6）打开升级文件夹，选择"模拟器升级包"，安装，在弹出的窗口中单击"是"，允许程序对计算机进行更改，开始安装，如图 3-26 所示。

7）安装成功，单击"确定"，如图 3-27 所示。

图 3-26　开始安装

图 3-27　安装成功

（图片源自：中科浩电）

8）重复步骤 5）和步骤 6），安装"训练飞机模型"，安装完毕，模拟器升级成功。

9）通过加密锁将遥控器与计算机连接，单击桌面上的 Phoenix R/C 快捷方式图标，如图 3-28 所示。

10）单击"Start Phoenix R/C"，进入模拟器，如图 3-29 所示。

11）单击"继续"，进入模拟器主界面，如图 3-30 所示。

图 3-28　运行 Phoenix R/C

（图片源自：中科浩电）

图 3-29　进入模拟器　　　　图 3-30　模拟器主界面

（图片源自：中科浩电）

3.4.4　调试模拟器

1）选择飞行模型：打开模拟器，进入模拟器主界面，如图 3-30 所示。

2）单击菜单栏中的"选择模型"按钮，选择下拉子菜单栏中的"更换模型"按钮，进入模型库界面，如图 3-31 所示。

3）选择 Multi-rotors 系列下的 DJI Phantom 模型，单击"完成"按钮，无人机模型就选好了，如图 3-32 所示。

图 3-31　选择子菜单"更换模型"　　　图 3-32　选择 DJI Phantom 模型

（图片源自：中科浩电）

3.4.5　遥控器校准

1）单击菜单栏中的"系统设置"按钮，选择下拉子菜单栏中的"配置新遥控器"按钮，弹出遥控器配置界面，如图 3-33 所示。

2）设置提示如图 3-34 所示，单击"下一步"按钮。

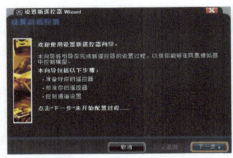

图 3-33 遥控器配置界面

图 3-34 设置提示

3）"校准遥控器"界面1如图3-35所示，单击"下一步"按钮。

4）"校准遥控器"界面2如图3-36所示，单击"下一步"按钮。

图 3-35 "校准遥控器"界面1

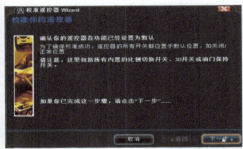

图 3-36 "校准遥控器"界面2

（图片源自：中科浩电）

5）"校准遥控器"界面3如图3-37所示，单击"下一步"按钮。

6）所有摇杆回中，单击"下一步"按钮，如图3-38所示。

图 3-37 "校准遥控器"界面3

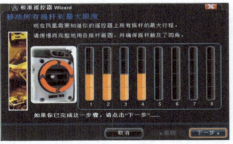

图 3-38 所有摇杆回中

（图片源自：中科浩电）

7）弹出行程校准界面如图 3-39 所示，单击"下一步"按钮。

8）单击"下一步"及"完成"按钮，遥控器校准完成，如图 3-40 所示。

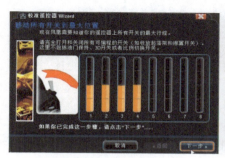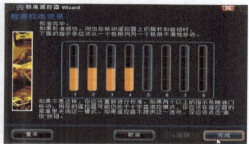

图 3-39　行程校准界面　　　　　图 3-40　遥控器校准完成

（图片源自：中科浩电）

3.4.6　创建配置文件

1）单击"下一步"按钮，弹出"设置新遥控器"界面，如图 3-41 所示。

2）单击"下一步"按钮，弹出"控制通道设置"界面，如图 3-42 所示。

图 3-41　"设置新遥控器"界面　　　图 3-42　"控制通道设置"界面（1）

（图片源自：中科浩电）

3）单击"下一步"按钮，弹出"控制通道设置"界面，如图 3-43 所示。

4）单击"下一步"按钮，弹出"创建新的配置文件"界面，如图 3-44 所示。

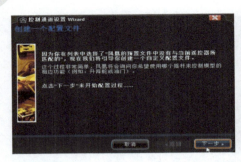 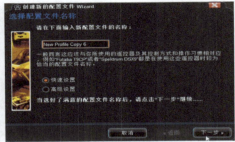

图 3-43　"控制通道设置"界面（2）　　　图 3-44　"创建新的配置文件"界面

（图片源自：中科浩电）

5）在选择配置文件名称界面中，选择"快速设置"，再单击"下一步"按钮，如图 3-44 所示。

6）确认操作杆都处于回中位置，单击"下一步"按钮，弹出"引擎控制"界面，如图 3-45 和图 3-46 所示。

图 3-45　选择配置文件名称　　　图 3-46　"引擎控制"界面

（图片源自：中科浩电）

7）推动引擎的摇杆到最高位置，然后回中，"相应通道的指示条"将会出现，如图 3-47 所示。

8）单击"下一步"按钮，进入"桨距控制"界面，如图 3-48 所示。

9）单击"Skip"按钮，进入"方向舵控制"界面，如图 3-49 所示。

10）方向操作杆向右推到最右位置，然后回中，"相应通道的指示条"将会出现，如图 3-50 所示。

图 3-47　"相应通道的指示条"出现　　　　图 3-48　"桨距控制"界面

（图片源自：中科浩电）

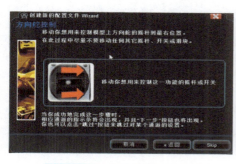

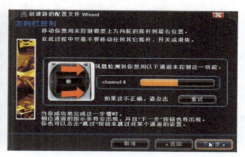

图 3-49　"方向舵控制"界面　　　　图 3-50　"相应通道的指示条"出现

（图片源自：中科浩电）

11）单击"下一步"按钮，进入"升降舵控制"界面，如图 3-51 所示。

12）单击"下一步"按钮，"相应通道的指示条"将出现，如图 3-52 所示。

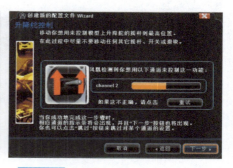

图 3-51　"升降舵控制"界面　　　　图 3-52　"相应通道的指示条"出现

（图片源自：中科浩电）

13）单击"下一步"按钮，进入"副翼舵"控制界面，如图 3-53 所示。

14）将副翼操作杆向右推到最大位置，然后回中，"相应通道的指示条"将会出现，如图 3-54 所示。

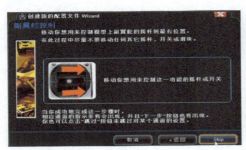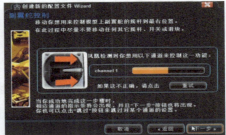

图 3-53 "副翼舵"控制界面 　　图 3-54 "相应通道的指示条"出现

（图片源自：中科浩电）

15）单击"下一步"按钮，进入"收放起落架"界面，如图 3-55 所示。

16）单击"Skip"按钮，单击"完成"按钮，遥控器校准结束，如图 3-56 所示。

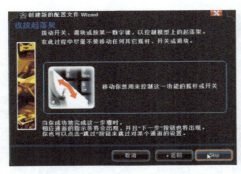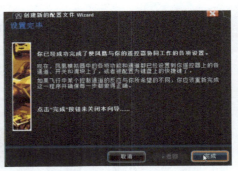

图 3-55 "收放起落架"界面 　　图 3-56 遥控器校准结束

（图片源自：中科浩电）

3.4.7 选择飞行场地

单击菜单栏中的"选择场地"菜单，在下拉菜单栏里选择"更换场地"，进入场地库中，选择"2D"场地中的"Aero-club Oldesloe"，作为悬停训练和"F3C"方框训练的场地，如图 3-57 所示。

图 3-57 "F3C"方框训练的场地

（图片源自：中科浩电）

3.4.8 设置飞行难易程度

1）在菜单"选择模型"里，单击"编辑模型"按钮，弹出编辑模型属性界面，如图 3-58 所示。

2）模型下边有一个无人机操控灵敏度的设置表，将光标放在表上转动，模型会相对应地改变操控难易程度，对于初学者建议设置成 50% 为宜。

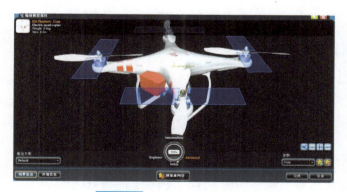

图 3-58 编辑模型属性界面

（图片源自：中科浩电）

3.4.9 查看各仪表显示及设置

1）单击"查看信息"→"屏幕显示"，在子菜单栏中，可以看到遥控器、速度表等仪表，选定这些仪表，就可以在主界面上看到对应的仪表信息。

2）选择了遥控器和速度表，其图标就会出现在主界面上，如图 3-59 所示。

3）多旋翼飞行：

①基础训练，建议设置模拟速度表的值为 100%。

②中级训练，建议设置模拟速度表的值为 125%。

凤凰模拟器

图 3-59 遥控器、速度表图标及设置

（图片源自：中科浩电）

3.5 模拟器训练

教学要求：训练各个通道的快速反应。

教学目的：培养潜意识的肌肉记忆。

1. 教学建议

1）先做分解训练，即练习单项（科目 1、科目 2），再练习复合（科目 3），分解成最小的训练单元，这样就能把训练的难度降低，有利于逐个快速突破。

2）每次进行 10min 的专注训练，保持每天 1h 的"高质量"训练。

3）训练结束后，要及时对当天训练过程中的经验教训进行复盘。

2. 教学要领

1）模拟器训练重点：把遥控器的操作杆练熟，而且推得越慢越好。

2）练习心态，心态要稳定，要静下心来练习。

3）悬停是基础，尤其是新手不能图快，一定要一步一个脚印，扎扎实实地进行练习，先练习好对尾科目后再去练习下一个项目。

4）先练对尾科目，再练对头科目，然后练对左科目，最后练对右科目，逐渐形成肌肉记忆。

5）打舵时需要打提前量，即预判无人机飞行的方向，当没有较大移动速度时，反方向轻微地修正，这需要通过多次反复尝试，才能真正掌握悬停要领。

6）学着打微舵，即逐渐控制自己的拇指，就像刚开始使用筷子夹不住花生米一样，训练是一个逐渐提高的过程。

3.5.1　悬停模拟训练

任务 1——悬停模拟训练，任务单见表 3-3。

表 3-3　悬停模拟训练任务单

训练科目	单项		复合
	科目 1	科目 2	科目 3
	升降舵	副翼舵	升降舵 + 副翼舵
训练内容	对尾、对头、对侧		
训练要求	自然形成打舵意识，并做到迅速反应		
训练目的	无人机发生偏移时，掌握修舵方法，保持无人机平稳飞行		
考核标准	悬停时间 /s		
	错舵次数 / 次		

1. 单项模拟训练——升降舵

升降舵悬停训练

（1）单通道——对尾悬停

1）训练准备：在模拟器菜单栏里单击"训练模式"，选择"悬停训练"，进入悬停训练模式，设置选项为仅升降舵，方向为后面，如图3-60所示。

2）训练要求：通过对升降舵的微调，使无人机停留在中线处，悬停时间为3~5s，修舵过程中应无错舵操作。

3）训练时间：建议练习2h以上。

图3-60　单项模拟训练——对尾悬停

（图片源自：中科浩电）

（2）单通道——对头悬停

1）训练准备：设置选项为仅升降舵，方向为前面，如图3-61所示。

2）训练要求：通过对升降舵的微调，使无人机停留在中线处，悬停时间为3~5s，修舵过程中应无错舵操作。

图3-61　单项模拟训练——对头悬停

（图片源自：中科浩电）

3）训练时间：建议练习 2h 以上。

（3）单通道——对左侧悬停

1）训练准备：设置选项为仅升降舵，方向为左面，如图 3-62 所示。

2）训练要求：通过对升降舵的小舵量控制，使无人机停留在中线处，悬停时间为 3~5s，修舵过程中应无错舵操作。

3）训练时间：建议练习 2h 以上。

图 3-62　单项模拟训练——对左侧悬停

（图片源自：中科浩电）

（4）单通道——对右侧悬停

1）训练准备：设置选项为仅升降舵，方向为右面，如图 3-63 所示。

2）训练要求：通过对升降舵的小舵量控制，使无人机停留在中线处，悬停时间为 3~5s，修舵过程中应无错舵操作。

3）训练时间：建议练习 2h 以上。

图 3-63　单项模拟训练——对右侧悬停

（图片源自：中科浩电）

2. 单项模拟训练——副翼舵

副翼舵悬停训练

（1）单通道——对尾悬停

1）训练准备：设置选项为副翼舵，方向为后面，如图3-64所示。

2）训练要求：通过对副翼舵的小舵量控制，使无人机停留在中线处，悬停时间为3~5s，修舵过程中应无错舵操作。

3）训练时间：建议练习2h以上。

图3-64　单项模拟训练——对尾悬停

（图片源自：中科浩电）

（2）单通道——对头悬停

1）训练准备：设置选项为副翼舵，方向为前面，如图3-65所示。

2）训练要求：通过对副翼舵的小舵量控制，使无人机停留在中线处，悬停时间为3~5s，修舵过程中应无错舵操作。

3）训练时间：建议练习2h以上。

图3-65　单项模拟训练——对头悬停

（图片源自：中科浩电）

（3）单通道——对左侧悬停

1）训练准备：设置选项为副翼舵，方向为左面，如图 3-66 所示。

2）训练要求：通过对副翼舵的小舵量控制，使无人机停留在中线处，悬停时间为 3~5s，修舵过程中应无错舵操作。

3）训练时间：建议练习 2h 以上。

图 3-66　单项模拟训练——对左侧悬停

（图片源自：中科浩电）

（4）单通道——对右侧悬停

1）训练准备：设置选项为副翼舵，方向为右面，如图 3-67 所示。

2）训练要求：通过对副翼舵的小舵量控制，使无人机停留在中线处，悬停时间为 3~5s，修舵过程中应无错舵操作。

3）训练时间：建议练习 2h 以上。

图 3-67　单项模拟训练——对右侧悬停

（图片源自：中科浩电）

3. 复合训练——升降舵 + 副翼舵

升降舵 + 副翼
舵悬停训练

（1）双通道——对尾悬停

1）训练准备：设置选项为升降舵 + 副翼舵，方向为后面，如图 3-68 所示。

2）训练要求：通过对升降舵 + 副翼舵小舵量的控制，使无人机停留在中线处，悬停时间为 3~5s，修舵过程中应无错舵操作。

3）训练时间：建议练习 2h 以上。

图 3-68　复合训练——对尾悬停

（图片源自：中科浩电）

（2）双通道——对头悬停

1）训练准备：设置选项为升降舵 + 副翼舵，方向为前面，如图 3-69 所示。

图 3-69　复合训练——对头悬停

（图片源自：中科浩电）

2）训练要求：通过对升降舵 + 副翼舵小舵量的控制，使无人机停留在中线处，悬停时间为 3~5s，修舵过程中应无错舵操作。

3）训练时间：建议练习 2h 以上。

（3）双通道——对左侧悬停

1）训练准备：设置选项为升降舵＋副翼舵，方向为左面，如图 3-70 所示。

2）训练要求：通过对升降舵＋副翼舵小舵量的控制，使无人机停留在中线处，悬停时间为 3~5s，修舵过程中应无错舵操作。

3）训练时间：建议练习 2h 以上。

图 3-70　复合训练——对左侧悬停

（图片源自：中科浩电）

（4）双通道——对右侧悬停

1）训练准备：设置选项为升降舵＋副翼舵，方向为右面，如图 3-71 所示。

2）训练要求：通过对升降舵＋副翼舵小舵量的控制，使无人机停留在中线处，悬停时间为 3~5s，修舵过程中应无错舵操作。

3）训练时间：建议练习 2h 以上。

以上训练结束后，单击菜单栏中的"训练模式"下拉菜单，单击"退出本训练"，悬停训练结束，如图 3-72 所示。

图 3-71　复合训练——对右侧悬停

图 3-72　悬停训练结束

（图片源自：中科浩电）

3.5.2　F3C 方块悬停模拟训练

任务 2——F3C 方块悬停模拟训练，任务单见表 3-4。

表 3-4　F3C 方块悬停模拟训练任务单

训练科目	科目 1	科目 2
	油门、方向、升降、副翼四通道	
训练内容	4 位悬停	8 位悬停
训练要求	无人机在模拟飞行中，发生偏移时，做到迅速反应	
训练目的	养成自然打舵、修舵，保持无人机平稳飞行	
考核标准	位移偏移量	绿色圆圈
		黄色圆圈
	高度偏移量 /cm	≥ 2
	错舵次数 / 次	

1. F3C 方块 4 位悬停

（1）准备

1）单击菜单栏下拉菜单中的"选择场地"→"场地布局"→"F3C 方框"命令，如图 3-73 所示。

2）进入"F3C 方框"悬停训练，如图 3-74 所示。

图 3-73　选择"F3C 方框"　　　图 3-74　进入"F3C 方框"悬停训练

（图片源自：中科浩电）

3）根据练习者的需要，通过鼠标滚轮调节视角的远近，如图 3-75 所示。

F3C 方框 4 位
悬停训练

4）在 F3C 训练场景下，油门拉到最小，无人机停留在圆圈的红心位置，如图 3-76 所示。

图 3-75　调节视角　　　　图 3-76　无人机停留在圆圈的红心位置

（图片源自：中科浩电）

（2）训练

1）轻推油门杆，使无人机起飞到一定高度，在保持高度的同时，通过对油门、方向、升降和副翼进行小舵量的控制，使无人机悬停在圆圈的红心上方，如图 3-77 所示。

2）轻打方向，使无人机缓慢地旋转到对侧的位置（左旋），在旋转过程中，保持无人机的高度不变，悬停时间为 3~5s，如图 3-78 所示。

3）分别旋转到对头的位置、对侧（右旋）的位置、对尾的位置，每个位置都需要悬停 3~5s。

图 3-77　无人机悬停在红心位置的上方　　　图 3-78　无人机旋转到对侧位置

（图片源自：中科浩电）

（3）训练要求

1）初级：4 位悬停过程中，无人机位移不允许超出绿色圆圈，高度位移不允许超过 2cm，在修舵过程中应无错舵。

2）中级：4位悬停过程中，无人机位移不允许超出黄色圆圈，高度不变，在修舵过程中应无错舵。

（4）训练时间 建议练习8h以上。

2. F3C方块8位悬停

（1）准备 在F3C训练场景下，油门拉到最小，无人机停留在圆圈的红心位置，视角调节到合适的位置，如图3-79所示。

（2）训练

1）轻推油门杆，使无人机起飞到一定高度，在保持高度的同时，通过对油门、方向、升降和副翼进行小舵量的控制，使无人机悬停在圆圈的红心上方，如图3-80所示。

F3C方块8位
悬停训练

图 3-79 无人机停在圆圈红心的位置　　图 3-80 无人机悬停在圆圈红心上方

（图片源自：中科浩电）

2）轻打方向，使无人机缓慢地向左旋转45°的位置悬停→对左侧的位置悬停→对头后左侧45°的位置悬停→对头的位置悬停→对头后右侧45°的位置悬停→对右侧的位置悬停→对尾右侧45°的位置悬停→对尾的位置悬停，每个位置悬停时间为3~5s。

3）旋转过程中，保持高度不变，及时修整各个舵量，舵量小而频繁，保证无人机飞行平稳，不出现大的位移，如图3-81所示。

（3）训练要求

1）初级：8位悬停过程中，无人机位移不允许超出绿色圆圈，高度位移不允许超过2cm，在修舵过程中应无错舵。

2）中级：8位悬停过程中，无人机位移不允许超出黄色圆圈，高度不变，在修舵过程中应无错舵。

（4）训练时间　建议练习 8h 以上。

图 3-81　8 位悬停训练

（图片源自：中科浩电）

3.5.3　F3C 方块自旋 360° 模拟训练

任务 3——F3C 方块自旋 360° 模拟训练，任务单见表 3-5。

表 3-5　F3C 方块自旋 360° 模拟训练任务单

训练内容	自旋 360°（油门、方向、升降、副翼四通道）	
训练要求	无人机模拟在飞行中，其方向发生快速变化，反应迅速，正确打舵	
训练目的	养成自然、正确、迅速地打舵，保持无人机平稳飞行，完成旋转动作	
考核标准	位移不允许超出	绿色圆圈
		黄色圆圈
	高度偏移量 /cm	≥ 2
	错舵次数 / 次	

1. 准备

在 F3C 训练场景下，油门拉到最小，无人机停在圆圈的红心位置，视角调节到合适的位置，如图 3-82 所示。

2. 训练

1）轻推油门杆，使无人机起飞到一定高度并保持，通过对油门舵、方向舵、升降舵和副翼舵进行小舵量的控制，使无人机悬停在圆圈的红心上方，如图3-83所示。

图 3-82　无人机停在圆圈的红心位置　　图 3-83　无人机悬停在圆圈的红心上方

（图片源自：中科浩电）

2）无人机停稳后，开始做360°缓慢旋转，高度保持不变，旋转时间控制在30s左右，旋转一周后，对尾位置悬停。

3）完成各动作时，需要及时修整各个舵量，舵量小而频繁，保证无人机飞行平稳，不出现大位移（左旋或右旋）。

3. 训练要求

1）初级：无人机旋转过程中，位移不允许超出绿色圆圈，高度位移不能超过2cm，在修舵过程中应无错舵。

2）中级：无人机旋转过程中，位移不允许超出黄色圆圈，高度不变，在修舵过程中应无错舵。

4. 训练时间

建议练习8h以上。

3.5.4　F3C方块正"8"字模拟训练

任务4——F3C方块正"8"字模拟训练，任务单见表3-6。

表 3-6 F3C 方块正 "8" 字模拟训练任务单

训练内容	正 "8" 字（油门、方向、升降、副翼四通道）		
训练要求	无人机在模拟飞行中，其方向发生快速变化，反应迅速，正确地打舵		
训练目的	养成自然、迅速地打舵，控制无人机，按照正 "8" 字方向飞行，保持无人机平稳飞行		
考核标准	位移、高度偏移量		
	各节点位置飞行方向	正确	不正确
	飞行的弧度	圆	不圆
	错舵次数 / 次		

1. 正 "8" 字飞行场景

在 F3C 训练场景下，圆心标记为 O 点，将场地中的四根警示柱标为 A、C、F、D 四个点，AC 和 DF 的对称点标为 B 和 E。

2. 正 "8" 字航线飞行

无人机从 O 点处出发，沿着图中箭头所示方向 $O \rightarrow A \rightarrow B \rightarrow C \rightarrow O \rightarrow D \rightarrow E \rightarrow F \rightarrow O$ 的路线进行飞行，机头方向始终与飞行方向保持一致，最后回到 O 点处降落，如图 3-84 所示。

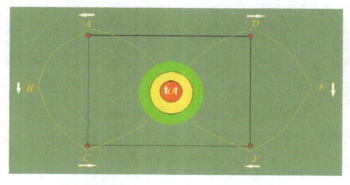

图 3-84 正 "8" 字飞行场景及航线

（图片源自：中科浩电）

3. 训练 （分解步骤图 ）

1）轻推油门杆，使无人机起飞到一定高度并保持，通过对油门、方向、升降和副翼进行小舵量的控制，使无人机悬停在 O 点上方，如图 3-85 所示。

F3C 方块正 "8" 字训练

图 3-85　无人机悬停在 O 点上方

（图片源自：中科浩电）

2）操控无人机缓慢飞行，飞行过程中高度保持不变，机头与飞行路线保持一致，到达 A 点时，无人机是对侧姿态，如图 3-86 所示。

3）飞到 B 点时，无人机是对头姿态，如图 3-87 所示。

图 3-86　对侧姿态（A 点）　　　　图 3-87　对头姿态（B 点）

（图片源自：中科浩电）

4）飞到 C 点时，无人机是对侧姿态，如图 3-88 所示。

5）飞回 O 点时，无人机是对尾姿态，如图 3-89 所示。

图 3-88 对侧姿态（C点）

图 3-89 对尾姿态（O点）

（图片源自：中科浩电）

6）飞右边的圆。操控无人机应缓慢飞行，飞行过程中高度保持不变，机头与飞行路线保持一致，到达D点时，无人机是对侧姿态，如图3-90所示。

7）飞到E点时，无人机是对头姿态，如图3-91所示。

图 3-90 对侧姿态（D点）

图 3-91 对头姿态（E点）

（图片源自：中科浩电）

8）飞到F点时，无人机是对侧姿态，如图3-92所示。

9）最后飞回到O点悬停，无人机是对尾姿态，如图3-93所示。

图 3-92 对侧姿态（F点）

图 3-93 对尾姿态（O点悬停）

（图片源自：中科浩电）

10）以上是一个完整的正"8"字飞行过程。训练各动作时，飞行航线有弧度，需要及时修整各个舵量，其舵量应小而频繁，保证无人机飞行平稳。

3.6　睿思凯遥控器

遥控器是一种无线控制信号发射装置。遥控器除了与接收机配合进行无人机控制外，还可以通过计算机与控制信号的输入终端连接，作为模拟器使用。

1）建立模型，如图3-94所示。

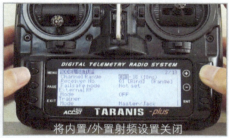

图 3-94　建立模型

（图片源自：Frsky）

2）设置，如图3-95所示。

图 3-95　设置

（图片源自：Frsky）

3）四个主参数，如图3-96所示。

Frsky 模拟器

在MIXER界面

设置四个主摇杆通道的参数

Weight行程量50, Offset偏移量50

完成设置后检查通道输出

图 3-96 四个主参数

（图片源自：Frsky）

3.7 FREERIDER 模拟飞行软件及训练

3.7.1 准备

下载 FREERIDER（无人机初级模拟器软件），通过连接线，连接遥控器，如图 3-97 所示。

网上下载并安装FREERIDER模拟器

使用准备好的Mini USB数据线

图 3-97 准备

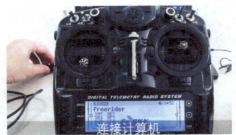

图 3-97　准备（续）

（图片源自：Frsky）

3.7.2　连接

使用摇杆作为信号输入，如图 3-98 所示。

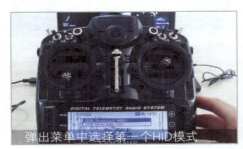
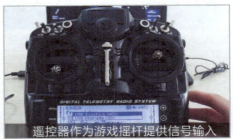

图 3-98　使用摇杆作为信号输入

（图片源自：Frsky）

3.7.3　进入软件

进入 FREERIDER 软件，如图 3-99 所示。

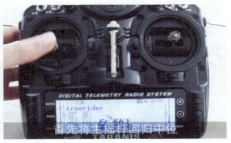

图 3-99　进入 FREERIDER 软件

（图片源自：Frsky）

1）识别软件为 YAW，如图 3-100 所示。

图 3-100　识别软件为 YAW

（图片源自：Frsky）

2）识别软件为 THR，如图 3-101 所示。

图 3-101　识别软件为 THR

（图片源自：Frsky）

3）识别软件为 ROLL，如图 3-102 所示。

图 3-102　识别软件为 ROLL

（图片源自：Frsky）

4）识别软件为 PIT，如图 3-103 所示。

图 3-103 识别软件为 PIT

（图片源自：Frsky）

5）软件自动保存，退出校准，如图 3-104 所示。

3.7.4　模拟飞行选择

1）模拟飞行软件界面可以呈现 5 个不同的飞行场景供练习者选择，如图 3-105 所示。

2）本练习案例：选择了沙漠练习飞行场景，如图 3-106 所示。

图 3-104　完成校准

（图片源自：Frsky）

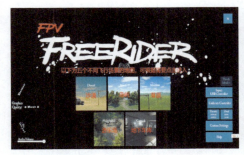

图 3-105　5 个不同飞行场景　　　图 3-106　沙漠练习飞行场景

（图片源自：中科浩电）

3.7.5　练习任务 1——入门

穿越门框，如图 3-106 所示，共有 8 个门框需要按照航线去进行模拟飞行，如图 3-107 所示。

模拟穿越飞行

图 3-107　模拟飞行航线

（图片源自：中科浩电）

3.7.6　练习任务 2——进阶

穿越三角木栏架，如图 3-108 所示。

1）模拟飞行：穿越三角形木栏架中间层，航线模拟飞行线路，一去一回，如图 3-109 所示。

2）模拟飞行：穿越三角形木栏架底层正面，航线模拟飞行线路，一去一回，如图 3-110 所示。

图 3-108　穿越三角木栏架

（图片源自：中科浩电）

3）模拟飞行：穿越三角形木栏架底层侧面，航线模拟飞行线路，一去一回，如图 3-111 所示。

4）模拟飞行：穿越三角形木栏架，完整航线模拟飞行的线路如图 3-112 所示。

图 3-109　穿越三角形木栏架中间层

图 3-110　穿越三角形木栏架底层正面

（图片源自：中科浩电）

图 3-111　穿越三角形木栏架底层侧面

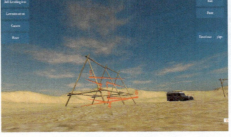

图 3-112　完整航线

（图片源自：中科浩电）

3.8　乐迪遥控器

3.8.1　华科尔模拟器软件的安装步骤

1）从华科尔官网下载模拟器安装包（网址：http://mr.walkera.com/），如图 3-113 所示。

2）解压缩安装包，左键双击文件，如图 3-114 所示。

3）进入登录界面，左键选择语言"中文"，如图 3-115 所示。

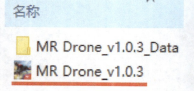

图 3-113　模拟器安装包　　图 3-114　解压缩安装包　　图 3-115　选择语言

（图片源自：广东北研航遥）

3.8.2　乐迪遥控器的设置

1）乐迪遥控器如图 3-116 所示。

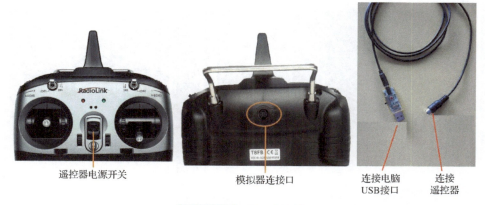

遥控器电源开关　　　　　模拟器连接口　　　　连接电脑　　连接
　　　　　　　　　　　　　　　　　　　　　　USB接口　　遥控器

图 3-116　乐迪遥控器

（图片源自：乐迪）

2）进入模拟器主页面，单击"穿越"，如图 3-117 所示。

3）遥控器校准，先单击"play"，阅读注意事项，单击"确定"，如图 3-118 所示。

4）校准前，所有通道转到最上，将油门杆移到正中，单击"校准"，按照说明，旋转摇杆，如图 3-119 所示。

图 3-117　模拟器主页面

（图片源自：广东北研航遥）

图 3-118　遥控器校准　　　　　　　　图 3-119　旋转摇杆

（图片源自：广东北研航遥）

5）设置。

① 设置 Throttle：推动油门杆，设置成功，单击"下一步"，如图 3-120 所示。

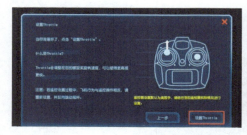

图 3-120　设置 Throttle

（图片源自：广东北研航遥）

② 设置偏航：推动方向舵摇杆，设置成功，单击"下一步"，如图 3-121 所示。

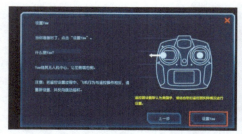

图 3-121　设置偏航

（图片源自：广东北研航遥）

③ 设置俯仰：推动升降舵摇杆，设置成功，单击"下一步"，如图 3-122 所示。

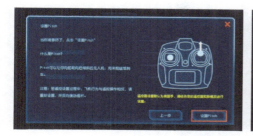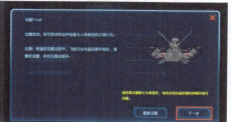

图 3-122　设置俯仰

（图片源自：广东北研航遥）

④ 设置横滚，推动副翼摇杆，如图 3-123 所示。

⑤ 设置完毕，单击"保存设置"，如图 3-124 所示。

图 3-123　设置横滚　　　　　　　图 3-124　保存设置

（图片源自：广东北研航遥）

6）模拟飞行。

① 进入模拟器主界面，单击穿越机板块，如图 3-125 所示。

② 注意，开始模拟飞行前，需要将油门调至最低。

③ 开始模拟飞行，如图 3-126 所示。

图 3-125　模拟器主界面　　　　　　图 3-126　模拟飞行

（图片源自：广东北研航遥）

3.9 Liftoff 模拟飞行软件

3.9.1 Liftoff 软件简介

在无人机模拟器中，Liftoff 软件是第一人称视角无人机竞赛中世界级的训练软件，新手通过 Liftoff 软件"起飞"，了解有关无人机的相关设置和操作，不断提升技能，而经验丰富的熟手可以任意飞行穿越各种环境，进行竞速比赛。

3.9.2 Liftoff 软件下载

1）在 Steam（列表项目）上，左键双击"Program Manager"。

2）在 Steam（窗口）上左键单击 Steam。

3）在 Chrome Legacy Window（窗格）上，左键单击"Steam"，进入商店搜索。

4）在 Steam（窗口）上，用键盘输入：Liftoff。

5）在 Chrome Legacy Window（窗格）上，左键单击"Liftoff"。

6）在 Chrome Legacy Window（窗格）上，左键单击"Steam"。

7）在 Chrome Legacy Window（窗格）上，向下滚动鼠标滚轮找到 Liftoff 软件，再进行购买。

8）在 Chrome Legacy Window（窗格）上，左键单击"下载"。

9）安装 Liftoff（窗口）上，左键单击安装 Liftoff 软件。

10）软件安装结束，弹出用户界面。

3.9.3 遥控器校准

1）遥控器校准 1，如图 3-127 所示。

2）遥控器校准 2，如图 3-128 所示。

图 3-127 遥控器校准 1

图 3-128 遥控器校准 2

📖 **小知识** "黄金抗战"中的试金石

复 习 思 考 题

1. 模拟飞行是成为无人机驾驶员的_____，通过模拟飞行训练，既可以有效地降低_____，又可以快速地提升无人机_____。

2. 模拟飞行是依托计算机_____和_____，应用_____、_____环境，近似于_____操作技术的训练。

3. 在基础训练方面，无人机_____飞行与无人机_____飞行，具有_____性。

4. 模拟飞行具有_____、_____、_____和_____的特点。

5. 模拟飞行具有_____灵活，不受_____、_____、_____和_____上的限制，在_____也可以练习。

6. 模拟飞行没有_____限制，可以_____进行练习。

7. 无人机模拟飞行_____代替_____无人机飞行。

8. "_____手"控制方式跟_____飞机的操作方式_____。

9. 如果使用者是_____手灵活或者是操作_____、_____，则使用"_____手"方便。

扫码查看答案

第4章　微型、轻型无人机训练

➡ **知识目标**

1）熟知无人机的安全。

2）熟知微型无人机训练及考核方法。

➡ **能力目标**

1）对无人机的安全有比较全面的了解和掌握。

2）掌握微型无人机的操作方法。

➡ **素质目标**

1）与团队成员协作，开展无人机安全作业。

2）树立无人机安全作业的岗位意识。

4.1　安全

4.1.1　飞行前的注意事项

1. 场地

（1）室内

1）训练基础项目时，应尽量选择在空间较大、较高、无人的室内进行，这样可以不受天气、气候、环境的影响。

2）训练时，微型无人机始终要保持在视线内进行飞行控制。

3）在训练过程中，要有效避免小型无人机突然失控发生伤人事故。

（2）室外

1）选择人烟稀少、空旷、开阔、无水塘、无大沟渠、无建筑物、无电线杆、无任何遮挡以及无明显凸起的岩石、土坎、树桩场地进行训练。注意：一定要远离一切不安全的因素——人群、建筑物、高压线、树木、山体等，飞行高度控制在 2~5m。

2）充分考虑天气情况：不允许在有风、有雾、下雨、下雪、打雷、夜晚等有危险因素的情况下进行室外训练。

3）不允许在机场、军事禁区、体育场等禁飞区域进行训练。

2. 设备

（1）微型、轻型无人机检查

1）微型、轻型无人机各个部件连接是否正确。

2）微型、轻型无人机的桨叶：正桨叶、反桨叶安装方向是否正确，有无损伤。

3）微型、轻型无人机的电池电量是否充满。

（2）遥控器检查

1）遥控模式（美国手、日本手）。

2）遥控电池、电量。

3）遥控信号连接。

4.1.2　飞行中的注意事项

1. 安全

1）确保训练微型、轻型无人机和训练人员、训练教师都处于安全距离、安全范围内。

2）实施手动飞行训练时，微型、轻型无人机一定要控制在视距内的安全区域进行飞行训练。

3）严禁微型、轻型无人机在人群上空进行飞行训练，也不能对着人、车、动物降落，否则特别容易发生人员伤亡事故。

4）确保训练微型、轻型无人机有足够的电量，让微型、轻型无人机能够安全返回。

5）手指和身体各部位一定要避开正在旋转的桨叶，避免受到伤害。

6）飞行时，一定要先打开遥控器，再给微型、轻型无人机通电，防止因设置失误使电动机突然起动。

7）训练者要选择背对着阳光的方向进行微型、轻型无人机飞行训练。

8）不允许微型、轻型无人机飞到训练者的身后，同样禁止微型、轻型无人机围着训练者转圈飞行。

9）禁止训练者用手去接正在降落的微型、轻型无人机。

10）两架以上微型、轻型无人机，不宜在同一时间、同一场地内进行训练，如果一定要在同一场地内进行训练，必须在两架微型、轻型无人机之间安装安全飞行隔离网。

11）进行微型、轻型无人机训练时，必须全程关闭手机。

12）严禁酒后进行微型、轻型无人机训练。

2. 监督

1）起飞前，一定要确认微型、轻型无人机的机尾面向训练人员。

2）微型、轻型无人机训练时，必须要有专业指导教师在训练现场进行全程监督和指导。

4.1.3 飞行后的注意事项

1）机体外观检查，仔细查看微型、轻型无人机的机身、起落架有没有受到损伤，如果受到了损伤要及时维修或者更换。

2）部件外观检查，仔细查看微型、轻型无人机的桨叶、电动机有没有受到损伤，如果受到了损伤要及时更换。

3）检查紧固螺栓、连接螺栓是否松动，如果出现松动，要及时将其拧紧。

4）检查连接插头是否松动，如果出现松动，要及时将其插紧。

5）发现破损老化的线路，要及时进行更换。

6）检查微型、轻型无人机的电池电量是否充足，如果不足，要马上把电池从电池仓中拆卸下来，并将已经充满电的电池安装上去。

7）定期清洁微型、轻型无人机表面的污染物，保持微型、轻型无人机表面的清洁。

4.2　微型无人机初级训练及考核

4.2.1　定点起降

定点起降

1. 学时

建议学时为 6h。

2. 训练器材

微型无人机（玩具无人机）、遥控器、锂电池和停机坪 H 垫。

3. 训练要求

1）微型无人机在停机坪 H 垫处能够一次起飞成功。

2）微型无人机在空中能够悬停。

3）微型无人机能够准确降落在停机坪 H 垫中心处。

4. 训练难点

1）微型无人机能够一次起飞成功。

2）微型无人机能够顺利降落。

3）起飞、降落的过程中，微型无人机的摆动幅度不能过大。

4）微型无人机准确地降落在停机坪 H 垫中心处。

5. 训练要领

1）起飞推动油门时，动作要缓慢，即使电动机还没有起动也要慢慢来，这样可以有效防止由于推动油门动作过大或者过猛，致使微型无人机突然失控，发生无法控制的情况。

2）当微型无人机上升到 1.5m 左右时，要停止推动油门，这时微型无人机仍然会上升，此时必须开始降低油门，但是又不能降低得过快或者过猛，要保持匀速，直到微型无人机停止上升，同时微型无人机又开始出现下降现象，这时又要推动油门让微型无人机保持高度不变，这就需要不断地微调油门大小，使微型无人机能始终保持在 1.5m 左右的高度上。

3）降落时，要降低油门，在离地面 0.2~0.3m 时，稍微降低油门，使微型无人机缓慢地接近停机坪，接着再次缓慢地降低油门，直到微型无人机缓慢地触地（停止推动油门），停在停机坪上，这样可以有效地避免微型无人机突然降落而受到地面巨大的反冲击力，使其严重受损。

6. 训练示范

1）微型无人机（玩具无人机）从停机坪 H 垫处起飞，如图 4-1 所示。

图 4-1 定点起飞

2）微型无人机（玩具无人机）飞行高度保持在 1.5m 左右，如图 4-2 所示。

图 4-2 飞行高度保持

3）微型无人机（玩具无人机）准确降落到停机坪 H 垫中心处，如图 4-3 所示。

图 4-3　定点降落

4.2.2　微型无人机初级操作（定点起降、限定高度悬停）考核项目 1

微型无人机初级操作（定点起降、限定高度悬停）考核项目 1，见表 4-1。

表 4-1　微型无人机初级操作（定点起降、限定高度悬停）考核项目 1

考核编号：　　　　　　　　　　　　　　　　　　　总得分：

考核项目	评分项目	配分	评分细则	得分
定点起降	定点起飞	30 分	1 次起飞不成功扣 15 分	
	定点降落	40 分	停在区域外不得分	
限定高度悬停	规定范围、高度在 1.5m 以下	10 分	超过范围、高度不得分	
	悬停时间为 20s	20 分	悬停 10s 得 5 分	

4.2.3　对尾悬停

1. 学时

建议学时为 4h。

2. 训练器材

微型无人机（玩具无人机）、遥控器、锂电池和停机坪 H 垫。

对尾悬停

3. 训练要求

1）微型无人机在停机坪 H 垫处能够一次起飞成功。

2）微型无人机头部朝前，尾部对着训练者，能够在 1.5m 高度的空中，让微型无人机保持空间位置基本不变的飞行状态 10s 以上，其左、右偏移不超过 1 个机身，其上、下移动不超过 0.2m 范围。

3）微型无人机能够准确地降落在停机坪 H 垫中心处。

4. 训练难点

1）微型无人机头部朝前，尾部对着训练者，能够在 1.5m 高度的空中，保持空间位置基本不变的飞行状态 10s 以上，其左、右偏移不超过 1 个机身，其上、下浮动不超过 0.2m。

2）微型无人机能够准确地降落在停机坪 H 垫中心处。

5. 训练要领

1）当微型无人机上升到 1.5m 高度时，要停止推动油门，这时微型无人机仍然会上升，此刻必须开始降低油门，但是又不能降低得过快或者过猛，要保持匀速，直到微型无人机停止上升，同时微型无人机又开始出现下降现象，此时又要推动油门，让微型无人机保持高度不变，这就需要不断地微调油门大小，使微型无人机能始终维持在 1.5m 左右的高度上，并让微型无人机头部朝前，尾部对着训练者。

2）降落时，要降低油门，在离地面 0.2~0.3m 时，稍微降低油门，使微型无人机缓慢地接近停机坪，接着再次缓慢地降低油门，直到微型无人机缓慢地触地（停止推动油门），停在停机坪上，这样可以有效地避免微型无人机突然降落而受到地面巨大的反冲击力，使其严重受损。

6. 训练示范

1）微型无人机（玩具无人机）从停机坪 H 垫处起飞，如图 4-4 所示。

2）微型无人机（玩具无人机）头部朝前，尾部对着训练者，飞行高度保持在 1.5m 左右，如图 4-5 所示。

3）微型无人机（玩具无人机）准确降落到停机坪 H 垫中心处，如图 4-6 所示。

图 4-4　起飞

图 4-5　微型无人机对尾悬停

图 4-6　准确降落

4.2.4　对左悬停

1. 学时

建议学时为 4h。

对左悬停

2. 训练器材

微型无人机（玩具无人机）、遥控器、锂电池和停机坪 H 垫。

3. 训练要求

1）微型无人机在停机坪 H 垫处能够一次起飞成功。

2）微型无人机空中向左旋转 90°，空中能够在 1.5m 的高度上，让微型无人机保持对左悬停空间位置基本不变的飞行状态 10s 以上。

3）微型无人机能够准确地降落在停机坪 H 垫中心处。

4. 训练难点

1）微型无人机在空中能平稳地向左旋转 90°。

2）微型无人机能够在 1.5m 高度的空中，保持空间位置基本不变的飞行状态 10s 以上，其左、右偏移不超过 1 个机身，其上、下浮动不超过 0.2m。

3）微型无人机能够准确地降落在停机坪 H 垫中心处。

5. 训练要领

1）让微型无人机在空中向左旋转 90°，使微型无人机保持对左悬停空间位置基本不变的飞行状态 10s 以上，其左、右偏移不超过 1 个机身，其上、下浮动不超过 0.2m。

2）降落时，要降低油门，在离地面 0.2~0.3m 时，稍微降低油门，使微型无人机缓慢地接近停机坪，接着再次缓慢地降低油门，直到微型无人机缓慢地触地（停止推动油门），停在停机坪上，这样可以有效地避免微型无人机突然降落而受到地面巨大的反冲击力，使其严重受损。

6. 训练示范

微型无人机（玩具无人机）向左旋转 90°，飞行高度保持在 1.5m 左右，对左悬停，其左、右偏移不超过 1 个机身，其上、下浮动不超过 0.2m，如图 4-7 所示。

图 4-7　对左悬停

4.2.5　对右悬停

1. 学时

建议学时为 4h。

2. 训练器材

微型无人机（玩具无人机）、遥控器、锂电池和停机坪 H 垫。

对右悬停

3. 训练要求

1）微型无人机空中向右旋转 90°，空中能够在 1.5m 的高度上，让微型无人机保持对右悬停空间位置基本不变的飞行状态 10s 以上，其左、右偏移不超过 1 个机身，其上、下浮动不超过 0.2m。

2）微型无人机能够准确地降落在停机坪 H 垫中心处。

4. 训练难点

1）微型无人机在空中能平稳地向右旋转 90°，使微型无人机保持空间位置基本不变的飞行状态 10s 以上，其左、右偏移不超过 1 个机身，其上、下浮动不超过 0.2m。

2）微型无人机能够准确地降落在停机坪 H 垫中心处。

5. 训练要领

1）当微型无人机上升到 1.5m 高度时，要开始降低油门，让微型无人机在空中向右旋转 90°，并且不断地微调油门大小，使微型无人机能保持在 1.5m 左右的高度上，让微型无人机保持向右悬停空间位置基本不变的飞行状态 10s 以上。

2）降落时，要降低油门，在离地面 0.2~0.3m 时，稍微降低油门，使微型无人机缓慢地接近停机坪，接着再次缓慢地降低油门，直到微型无人机缓慢地触地（停止推动油门），停在停机坪上，这样可以有效地避免微型无人机突然降落而受到地面巨大的反冲击力，使其严重受损。

6. 训练示范

微型无人机（玩具无人机）向右旋转 90°，飞行高度保持在 1.5m 左右，对右悬停，其左、右偏移不超过 1 个机身，其上、下浮动不超过 0.2m，如图 4-8 所示。

图 4-8 对右悬停

4.2.6 对头悬停

对头悬停

1. 学时

建议学时为 4h。

2. 训练器材

微型无人机（玩具无人机）、遥控器、锂电池和停机坪 H 垫。

3. 训练要求

1）微型无人机在停机坪 H 垫处能够一次起飞成功。

2）微型无人机空中缓慢地旋转 180°，尾部朝前，头部对着训练者，空中能够在 1.5m 的高度上，让微型无人机保持对头悬停空间位置基本不变的飞行状态 10s 以上，左、右偏移不超过 1 个机身，上、下移动范围不超过 0.2m。

3）微型无人机能够准确地降落在停机坪 H 垫中心处。

4. 训练难点

1）微型无人机在空中能平稳地旋转 180°。

2）微型无人机尾部朝前，头部对着训练者，能够在 1.5m 高度的空中，保持空间位置基本不变的飞行状态 10s 以上，其左、右偏移不超过 1 个机身，其上、下浮动不超过 0.2m。

3）微型无人机能够准确地降落在停机坪 H 垫中心处。

5. 训练要领

1）当微型无人机上升到 1.5m 高度时，要开始降低油门，让微型无人机在空中缓慢地旋转 180°，尾部朝前，头部对着训练者，并且不断地微调油门大小，使微型无人机能保持在 1.5m 左右的高度上，让微型无人机保持对头悬停空间位置基本不变的飞行状态 10s 以上。

2）降落时，要降低油门，在离地面 0.2~0.3m 时，稍微降低油门，使微型无人机缓慢地接近停机坪，接着再次缓慢地降低油门，直到微型无人机缓慢地触地（停止推动油门），停在停机坪上，这样可以有效地避免微型无人机突然降落而受到地面巨大的反冲击力，使其严重受损。

6. 训练示范

1）微型无人机（玩具无人机）从停机坪 H 垫处起飞，如图 4-9 所示。

图 4-9　从停机坪 H 垫处起飞

2）微型无人机（玩具无人机）空中旋转 180°，尾部朝前，头部对着训练者，飞行高度保持在 1.5m 高度左右，保持对头悬停空间位置基本不变的飞行状态 10s 以上，其左、右偏移不超过 1 个机身，其上、下浮动不超过 0.2m，如图 4-10 所示。

3）微型无人机（玩具无人机）准确降落到停机坪 H 垫中心处，如图 4-11 所示。

图 4-10　对头悬停　　　　　　图 4-11　准确降落到停机坪 H 垫中心处

4.2.7　微型无人机初级操作（四位悬停）考核项目 2

微型无人机初级操作（四位悬停）考核项目 2，见表 4-2。

表 4-2　微型无人机初级操作（四位悬停）考核项目 2

考核编号：　　　　　　　　　　　　　　　　　　　　总得分：

考核项目	评分项目	配分	评分细则	得分
定点起降	定点起飞	10 分	一次起飞不成功，扣 5 分	
	定点降落	10 分	停在区域外，不得分 降落不柔和、不平稳，不得分	
对头悬停（20s）	姿态稳定性	20 分	停 15s，得 10 分 停 10s，得 5 分 停 5s，不得分	
对尾悬停（20s）		20 分		
左侧悬停（20s）		20 分		
右侧悬停（20s）		20 分		

4.2.8　四边航线

1. 学时

建议学时为 4h。

四边航线

2. 训练器材

微型无人机（玩具无人机）、遥控器、锂电池、停机坪 H 垫和 4 根标志杆。

3. 训练要求

1）微型无人机头部朝前，尾部对着训练者起飞→向右前飞行接近第 1 根标志杆→向前沿直线飞行→到达第 2 根标志杆→向左直线飞行→到达第 3 根标志杆→向后沿直线飞行→到达第 4 根标志杆→向右后线飞行→到达停机坪附近→降落在停机坪 H 垫中心处。

2）微型无人机能够准确地降落在停机坪 H 垫中心处。

3）在四边航线飞行过程中，微型无人机上、下移动范围不超过 0.2m。

4. 训练难点

1）微型无人机在空中能够把直线飞得很直，而且上、下、左、右移动范围不超过 0.2m。

2）微型无人机在空中能够很平稳地飞完直线后，平稳地向右、向左进行飞行，同时上、下、左、右移动范围不超过 0.2m。

3）微型无人机能够准确地降落在停机坪 H 垫中心处。

4）在四边航线飞行过程中，微型无人机上、下移动范围不超过 0.2m。

5）连贯、高质量地完成整个四边航线的训练。

5. 训练示范

1）完整的四边航线如图 4-12 所示。

2）微型无人机从停机坪 H 垫处起飞，向右前沿直线飞行到第 1 根标志杆，如图 4-13 所示。

图 4-12　完整的四边航线　　　　图 4-13　向右前沿直线飞向第 1 根标志杆

3）微型无人机从第 1 根标志杆直线飞到第 2 根标志杆，如图 4-14 所示。

4）微型无人机从第 2 根标志杆向左直线飞向第 3 根标志杆，如图 4-15 所示。

图 4-14　直线飞向第 2 根标志杆　　　　图 4-15　向左直线飞向第 3 根标志杆

5）微型无人机从第3根标志杆直线飞到第4根标志杆，如图4-16所示。

6）微型无人机从第4根标志杆向右斜线飞到停机坪H垫上面，如图4-17所示，降落。

图 4-16   直线飞到第4根标志杆   图 4-17   向右斜线飞到停机坪H垫上面

4.2.9　交叉航线

1. 学时

建议学时为4h。

交叉航线

2. 训练器材

微型无人机（玩具无人机）、遥控器、锂电池、停机坪H垫和4个黄色圆盘标志。

3. 训练要求

1）微型无人机起飞，其头部向前，尾部对着训练者，向右斜线飞行接近第1号黄色圆盘标志→从第1号黄色圆盘标志向左斜线飞行到第3号黄色圆盘标志→从第3号黄色圆盘标志向右直线飞行到第2号黄色圆盘标志→从第2号黄色圆盘标志向左斜线飞行到第4号黄色圆盘标志→从第4号黄色圆盘标志向右斜线飞行到停机坪H垫上面→降落在停机坪H垫中心处。

2）微型无人机能够准确地降落在停机坪H垫中心处。

3）在交叉航线飞行过程中，微型无人机上、下移动范围不超过0.2m。

4. 训练难点

1）微型无人机在空中能够把斜线飞得很直，而且上、下、左、右移动范围不超过 0.2m。

2）微型无人机能够准确地降落在停机坪 H 垫中心处。

3）在交叉航线飞行过程中，微型无人机上、下移动范围不超过 0.2m。

4）连贯、高质量地完成整个交叉航线的训练。

5. 训练示范

1）微型无人机起飞后，向右斜线飞向第 1 号黄色圆盘标志，如图 4-18 所示。

2）微型无人机从第 1 号黄色圆盘标志向左斜线飞行到第 3 号黄色圆盘标志，如图 4-19 所示。

图 4-18　向右斜线飞向第 1 号黄色　　　图 4-19　向左斜线飞行到第 3 号黄色
　　　　　 圆盘标志　　　　　　　　　　　　　　 圆盘标志

3）微型无人机从第 3 号黄色圆盘标志向右直线飞行到第 2 号黄色圆盘标志，如图 4-20 所示。

4）微型无人机从第 2 号黄色圆盘标志向左斜线飞行到第 4 号黄色圆盘标志，如图 4-21 所示。

5）微型无人机从第 4 号黄色圆盘标志向右斜线飞行，如图 4-22 所示。

6）微型无人机飞行到停机坪 H 垫上面，降落。完整的交叉航线如图 4-23 所示。

图4-20　向右直线飞行到第2号
　　　　黄色圆盘标志

图4-21　向左斜线飞行到第4号
　　　　黄色圆盘标志

图4-22　从第4号黄色圆盘标志
　　　　向右斜线飞行

图4-23　完整的交叉航线

4.2.10　米字航线

米字航线

1. 学时

建议学时为4h。

2. 训练器材

微型无人机（玩具无人机）、遥控器、锂电池、停机坪H垫和6个黄色圆盘标志。

3. 训练要求

微型无人机起飞，其头部向前，尾部对着训练者起飞→向左斜线飞行到第6号黄色圆盘标志→从第6号黄色圆盘标志向前直线飞行到第4号黄色圆

盘标志→从第 4 号黄色圆盘标志向右斜线飞行到第 2 号黄色圆盘标志→从第
2 号黄色圆盘标志向前直线飞行到第 3 号黄色圆盘标志→从第 3 号黄色圆盘
标志向左斜线飞行到第 6 号黄色圆盘标志→从第 6 号黄色圆盘标志直线飞
行到第 5 号黄色圆盘标志→从第 5 号黄色圆盘标志向右直线飞行到第 1 号
黄色圆盘标志→从第 1 号黄色圆盘标志向左斜线飞行到停机坪 H 垫上面→
降落在停机坪 H 垫中心处。

4. 训练难点

1）微型无人机在空中能够把斜线飞得很直，而且上、下、左、右移动
范围不超过 0.2m。

2）微型无人机能够准确地降落在停机坪 H 垫中心处。

3）在米字航线飞行过程中，微型无人机上、下移动范围不超过 0.2m。

4）连贯、高质量地完成整个米字航线的训练。

5. 训练示范

1）微型无人机起飞，其头部朝前，尾部对着训练者，如图 4-24 所示。

2）微型无人机向左斜线飞行到第 6 号黄色圆盘标志，如图 4-25 所示。

图 4-24　微型无人机起飞

图 4-25　向左斜线飞行到第 6 号黄色
圆盘标志

3）微型无人机从第 6 号黄色圆盘标志向前直线飞行到第 4 号黄色圆盘
标志，如图 4-26 所示。

4）微型无人机从第 4 号黄色圆盘标志向右斜线飞行到第 2 号黄色圆盘
标志，如图 4-27 所示。

图4-26 向前直线飞行到第4号
黄色圆盘标志

图4-27 向右斜线飞行到第2号
黄色圆盘标志

5）微型无人机从第2号黄色圆盘标志向前直线飞行到第3号黄色圆盘标志，如图4-28所示。

6）微型无人机从第3号黄色圆盘标志向左斜线飞行到第6号黄色圆盘标志，如图4-29所示。

图4-28 向前直线飞行到第3号
黄色圆盘标志

图4-29 向左斜线飞行到第6号黄色
圆盘标志

7）微型无人机从第6号黄色圆盘标志直线飞行到第5号黄色圆盘标志，如图4-30所示。

8）微型无人机从第5号黄色圆盘标志向右直线飞行到第1号黄色圆盘标志，如图4-31所示。

9）微型无人机从第1号黄色圆盘标志向左斜线飞行到停机坪H垫上面。完整的米字航线如图4-32所示。

图 4-30　直线飞行到第 5 号黄色圆盘标志　图 4-31　向右直线飞行到第 1 号黄色圆盘标志

图 4-32　完整的米字航线

4.2.11　微型无人机初级操作（四边航线、交叉航线、米字航线）考核项目 3

微型无人机初级操作（四边航线、交叉航线、米字航线）考核项目 3，见表 4-3。

表 4-3　微型无人机初级操作（四边航线、交叉航线、米字航线）考核项目 3

考核编号：　　　　　　　　　　　　　　　　　　　　总得分：

考核项目	评分项目	配分	评分细则	得分
定点起降	定点起飞	10 分	一次起飞不成功扣 5 分	
	定点降落	10 分	停在区域外得 5 分	
		10 分	降落不柔和、不平稳不得分	
四边	姿态稳定性	20 分	没有按指定航线飞行或未完成，不得分	
交叉		25 分		
米字		25 分		

4.3　微型无人机中级训练及考核

4.3.1　"8"字（顺时针方向）飞行

顺时针"8"
字飞行

1. 学时

建议学时为 4h。

2. 训练器材

微型无人机（玩具无人机）、遥控器、锂电池、停机坪 H 垫、2 根标志杆。

3. 训练要求

微型无人机起飞，其头部向前，尾部对着训练者，从左面顺时针方向飞向第 1 根标志杆→飞到第 1 根标志杆的后面→顺时针方向围绕第 1 根标志杆转 1 圈→从第 1 根标志杆逆时针方向飞向第 2 根标志杆→逆时针方向围绕第 2 根标志杆转 1 圈→从第 2 根标志杆飞行到停机坪 H 垫上面→降落在停机坪 H 垫中心处。

4. 训练难点

1）微型无人机在空中能够围绕 2 个标志杆把 "8" 字（顺时针方向）飞行得非常流畅，而且上、下移动范围不超过 0.4m。

2）微型无人机能够准确地降落在停机坪 H 垫中心处。

3）高质量、连贯地完成整个 "8" 字（顺时针方向）飞行的训练。

5. 训练示范

1）微型无人机从左面顺时针方向飞向第 1 根标志杆，如图 4-33 所示。

2）微型无人机飞到第 1 根标志杆后面，如图 4-34 所示。

3）微型无人机围绕第 1 根标志杆顺时针方向转 1 圈，如图 4-35 所示。

4）微型无人机从第 1 根标志杆逆时针方向飞向第 2 根标志杆，如图 4-36 所示。

图 4-33　从左面顺时针方向飞向第 1 根标志杆

图 4-34　飞到第 1 根标志杆后面

图 4-35　顺时针方向围绕第 1 根标志杆转 1 圈

图 4-36　逆时针方向飞向第 2 根标志杆

5）微型无人机围绕第 2 根标志杆逆时针方向 转 1 圈，如图 4-37 所示。

6）微型无人机从第 2 根标志杆飞行到停机坪 H 垫上面。完整的顺时针"8"字飞行航线如图 4-38 所示。

图 4-37　围绕第 2 根标志杆转 1 圈

图 4-38　完整的顺时针"8"字飞行航线

4.3.2 "8"字（逆时针方向）飞行

逆时针"8"
字飞行

1. 学时

建议学时为 4h。

2. 训练器材

微型无人机（玩具无人机）、遥控器、锂电池、停机坪 H 垫和 2 根标志杆。

3. 训练要求

微型无人机起飞，其头部向前，尾部对着训练者，逆时针方向飞向第 1 根标志杆→逆时针方向围绕第 1 根标志杆转 1 圈→从第 1 根标志杆顺时针方向飞向第 2 根标志杆→顺时针方向围绕第 2 根标志杆转 1 圈→从第 2 根标志杆飞向停机坪 H 垫→降落。

4. 训练难点

1）微型无人机在空中能够围绕 2 个标志杆把"8"字（逆时针方向）飞行得非常流畅，而且上、下移动范围不超过 0.4m。

2）微型无人机能够准确地降落在停机坪 H 垫中心处。

3）高质量、连贯地完成整个"8"字（逆时针方向）飞行的训练。

5. 训练示范

1）微型无人机从停机坪 H 垫上起飞，如图 4-39 所示。

2）微型无人机逆时针方向飞向第 1 根标志杆，如图 4-40 所示。

3）微型无人机逆时针方向围绕第 1 根标志杆转 1 圈，如图 4-41 所示。

图 4-39　从停机坪 H 垫上起飞

图 4-40　逆时针方向飞向第 1 根标志杆

图 4-41　逆时针方向围绕第 1 根标志杆转 1 圈

4）微型无人机从第 1 根标志杆顺时针方向飞向第 2 根标志杆，如图 4-42 所示。

5）微型无人机顺时针方向围绕第 2 根标志杆转 1 圈，如图 4-43 所示。

图 4-42　顺时针方向飞向第 2 根标志杆　　图 4-43　顺时针方向围绕第 2 根标志杆转 1 圈

6）微型无人机从第 2 根标志杆飞向停机坪，如图 4-44 所示。

7）微型无人机飞到停机坪 H 垫上面。完整的逆时针"8"字飞行航线如图 4-45 所示。

图 4-44　从第 2 根标志杆飞向停机坪　　图 4-45　完整的逆时针"8"字飞行航线

4.3.3　环绕（逆时针）

逆时针环绕

1. 学时

建议学时为 4h。

2. 训练器材

微型无人机（玩具无人机）、遥控器、锂电池、停机坪 H 垫和 1 根标志杆。

3. 训练要求

微型无人机起飞，其头部向前，尾部对着训练者→逆时针方向飞向标志杆→逆时针方向围绕标志杆转圆圈→逆时针方向飞向停机坪→飞到停机坪 H 垫上面→降落。

4. 训练难点

1）微型无人机在空中能够围绕 1 根标志杆逆时针方向转圆圈，旋转飞行得非常流畅，而且上、下移动范围不超过 0.4m。

2）微型无人机能够准确地降落在停机坪 H 垫中心处。

3）高质量、连贯地完成整个环绕（逆时针方向）转圆圈旋转飞行的训练。

5. 训练示范

1）微型无人机从停机坪 H 垫上起飞，如图 4-46 所示。

2）微型无人机逆时针方向飞向标志杆，如图 4-47 所示。

图 4-46　从停机坪 H 垫上起飞

图 4-47　逆时针方向飞向标志杆

3）微型无人机逆时针方向围绕标志杆转圆圈，如图 4-48 所示。

图 4-48　逆时针方向围绕标志杆转圆圈

4）微型无人机逆时针方向飞回停机坪，如图 4-49 所示。

5）微型无人机飞到停机坪 H 垫上面。完整的环绕（逆时针）航线如图 4-50 所示。

图 4-49　逆时针方向飞回停机坪　　　图 4-50　完整的环绕（逆时针）航线

4.3.4　小型无人机中级操作（正反"8"字航线、定点环绕）项目考核

小型无人机中级操作（正反"8"字航线、定点环绕）项目考核，见表 4-4。

表 4-4　小型无人机中级操作（正反 "8" 字航线、定点环绕）项目考核

考核编号：　　　　　　　　　　　　　　　　　　　　　　总得分：

考核项目	评分项目	配分	评分细则	得分
定点起降	定点起飞	6 分	一次起飞不成功，扣 3 分	
	定点降落	12 分	停在区域外，不得分 降落不柔和、不平稳不得分	
水平正 "8" 字 （顺时针方向）	姿态稳定性	25 分	没有按规定方向飞行，不得分	
水平反 "8" 字 （逆时针方向）		25 分		
定点环绕		32 分	环绕 4 圈，碰杆一次，扣 16 分	

4.4　微型无人机高级训练及考核

4.4.1　直线穿越 8 个圆环

1. 学时

建议学时为 4h。

直线穿越 8
个圆环

2. 训练器材

微型无人机（玩具无人机）、遥控器、锂电池、停机坪 H 垫和 8 个圆环架。

3. 训练要求

微型无人机起飞，其头部向前，尾部对着训练者→提升微型无人机对准第 1 个圆环→穿越 8 个圆环→从 8 个圆环里倒出来→返回停机坪 H 垫上面→降落。

4. 训练难点

1）微型无人机在空中能够对准第 1 个圆环。

2）微型无人机在穿越 8 个圆环障碍时，必须飞成直线。

3）微型无人机在返回穿越 8 个圆环障碍时，必须飞成直线。

5. 训练示范

1）微型无人机从停机坪 H 垫上起飞，如图 4-51 所示。

2）提升微型无人机对准第 1 个圆环障碍，如图 4-52 所示。

3）微型无人机正在穿越第 4 个圆环障碍，如图 4-53 所示。

4）微型无人机已经穿越了第 8 个圆环障碍，如图 4-54 所示。

5）微型无人机正在返回穿越 8 个圆环障碍，如图 4-55 所示。

6）微型无人机飞回到停机坪 H 垫上面。完整的直线穿越 8 个圆环航线如图 4-56 所示。

图 4-51 从停机坪 H 垫上起飞

图 4-52 对准第 1 个圆环

图 4-53 正在穿越第 4 个圆环障碍

图 4-54 已经穿越了第 8 个圆环障碍

图 4-55　正在返回穿越 8 个圆环障碍　　图 4-56　完整的直线穿越 8 个圆环航线

4.4.2　垂直穿越圆环

垂直穿越圆环

1. 学时

建议学时为 4h。

2. 训练器材

微型无人机（玩具无人机）、遥控器、锂电池、停机坪 H 垫和 2 个垂直圆环架。

3. 训练要求

微型无人机起飞，其头部向前，尾部对着训练者→提升微型无人机垂直对准第 1 个垂直圆环→穿越第 1 个垂直圆环→穿越第 2 个垂直圆环→从 2 个垂直圆环中垂直倒回→返回停机坪 H 垫上面→降落。

4. 训练难点

1）微型无人机在空中能够从 2 个垂直圆环下面对准第 1 个圆环。

2）微型无人机在穿越 2 个垂直圆环障碍时，必须垂直飞成直线。

3）微型无人机在返回穿越 2 个垂直圆环障碍时，必须垂直飞成直线。

5. 训练示范

1）提升微型无人机对准第 1 个垂直圆环，如图 4-57 所示。

2）微型无人机穿越第 1 个垂直圆环，如图 4-58 所示。

3）微型无人机穿越第 2 个垂直圆环，如图 4-59 所示。

4）微型无人机从 2 个垂直圆环中垂直倒回，如图 4-60 所示。

5）微型无人机飞回到停机坪 H 垫上面。完整的垂直穿越圆环航线如图 4-61 所示。

图 4-57　对准第 1 个垂直圆环

图 4-58　穿越第 1 个垂直圆环

图 4-59　穿越第 2 个垂直圆环

图 4-60　从 2 个垂直圆环中垂直倒回

图 4-61　完整的垂直穿越圆环航线

4.4.3　微型无人机高级操作（穿越圆环）项目考核

微型无人机高级操作（穿越圆环）项目考核，见表 4-5。

表4-5　微型无人机高级操作（穿越圆环）项目考核

考核编号：　　　　　　　　　　　　　　　　　　　　　总得分：

考核项目	评分项目	配分	评分细则	得分
定点起降	定点起飞	5分	起飞不成功不得分	
	定点降落	15分	在区域外不得分 降落不柔和、不平稳不得分	
直线穿越圆环 （8个圆环）	穿越过去	15分	少穿过一个圆环扣10分	
	穿越返回	20分	少返回一个圆环扣15分	
垂直穿越圆环 （2个圆环）	穿越过去	20分	少穿过一个圆环扣15分	
	穿越返回	25分	少返回一个圆环扣20分	

4.5　轻型无人机

4.5.1　安全防护

（1）防护用品　常用的防护用品有安全帽（图4-62）、防护镜（图4-63）、训练服（图4-64）、反光背心（图4-65）和防护鞋（图4-66）。

图4-62　安全帽　　　　　　图4-63　防护镜

图4-64　训练服　　　图4-65　反光背心　　　图4-66　防护鞋

（2）训练前准备　训练场地、训练器材及飞行操作员安全着装，如图4-67所示。

图 4-67　训练前准备

4.6　轻型无人机基本训练及考核

4.6.1　定点起降

1. 学时

建议学时为 10h。

2. 训练器材

轻型无人机（F450 无人机）、遥控器、锂电池、F450 停在停机坪 H 垫上，如图 4-68 所示。

3. 训练要求

1）轻型无人机在停机坪 H 垫上能够一次起飞成功。

图 4-68　F450 停在停机坪 H 垫上

2）轻型无人机在空中能够悬停。

3）轻型无人机能够准确地降落在停机坪 H 垫中心处。

4. 训练难点

1）轻型无人机能够一次起飞成功。

2）轻型无人机能够顺利降落。

3）轻型无人机在起飞、降落的过程中，轻型无人机的摆动幅度不能过大。

4）轻型无人机准确地降落在停机坪 H 垫中心处。

5. 训练要领

1）起飞推动油门时，动作要缓慢，即使电动机还没有起动也要慢慢来，这样可以有效防止由于推动油门动作过大或者过猛，导致轻型无人机突然失控，发生无法控制的情况。

2）当轻型无人机上升到 1.5m 左右时，要停止推动油门，这时轻型无人机仍然会上升，此时必须要开始降低油门，但是又不能降低得过快或者过猛，要保持匀速，直到轻型无人机停止上升，同时轻型无人机又开始出现下降现象，这时又要推动油门让轻型无人机保持高度，这就需要不断地微调油门大小，使轻型无人机能始终维持在 1.5m 左右的高度上。

3）降落时，要降低油门，在离地面 0.2~0.3m 时，稍微降低油门，使轻型无人机缓慢地接近停机坪，接着再次缓慢地降低油门，直到轻型无人机缓慢地触地（停止推动油门），停在停机坪上，这样可以有效地避免轻型无人机突然降落，而受到地面巨大的反冲击力，而使其严重受损。

6. 训练示范

1）轻型无人机（F450 无人机）从停机坪 H 垫处起飞，如图 4-69 所示。

2）轻型无人机（F450 无人机）降落在停机坪 H 垫上，如图 4-70 所示。

起飞   降落

图 4-69   轻型无人机起飞

图 4-70   降落过程

4.6.2 轻型无人机基本操作（定点起降、限定高度悬停）项目考核

轻型无人机基本操作（定点起降、限定高度悬停）项目考核，见表 4-6。

表 4-6 轻型无人机基本操作（定点起降、限定高度悬停）项目考核

考核编号： 总得分：

考核项目	评分项目	配分	评分细则	得分
定点起降	定点起飞	30	1 次起飞不成功扣 15 分	
	定点降落	40	停在区域外不得分	
限定高度悬停	规定范围、高度在 1.5m 以下	10	超过范围、高度不得分	
	悬停时间 20s	20	悬停 10s，得 5 分	

4.6.3 对尾悬停

1. 学时

建议学时为 4h。

2. 训练器材

轻型无人机（F450 无人机）、遥控器、锂电池、停机坪 H 垫。

3. 训练要求

1）轻型无人机在停机坪 H 垫上能够一次起飞成功。

2）轻型无人机头部朝前，尾部面对着训练者，能够在 1.5m 高度的空中，让轻型无人机保持空间位置基本不变的飞行状态 10s 以上，其左、右偏移不超过 1 个机身，其上、下移动不得超过 0.2m。

3）轻型无人机能够准确地降落在停机坪 H 垫中心处。

4. 训练难点

1）轻型无人机头部朝前，尾部对着训练者，能够在 1.5m 高度的空中，保持空间位置基本不变的飞行状态 10s 以上，其左、右偏移不超过 1 个机身，其上、下移动不超过 0.2m。

2）轻型无人机能够准确地降落在停机坪 H 垫中心处。

5. 训练要领

1）当轻型无人机上升到 1.5m 时，要停止推动油门，这时轻型无人机仍然会上升，此刻必须要开始降低油门，但是又不能降低得过快或者过猛，要保持匀速，直到轻型无人机停升，同时轻型无人机又开始出现下降现象，此时又要推动油门，让轻型无人机保持高度，这就需要不断地微调油门大小，使轻型无人机能始终维持在 1.5m 左右的高度上，并让轻型无人机头部朝前，尾部对着训练者。

2）降落时，要降低油门，在离地面 0.2~0.3m 时，稍微降低油门，使轻型无人机缓慢地接近停机坪，接着再次缓慢地降低油门，直到轻型无人机缓慢地触地（停止推动油门），停在停机坪上，这样可以有效地避免轻型无人机突然降落，而受到地面巨大的反冲击力，而使其严重受损。

6. 训练示范

轻型无人机（F450 无人机）从停机坪 H 垫处起飞，如图 4-71 所示。

图 4-71　对尾悬停

4.6.4　对左悬停

1. 学时

建议学时为 4h。

2. 训练器材

轻型无人机（F450 无人机）、遥控器、锂电池、停机坪 H 垫。

3. 训练要求

1）轻型无人机在停机坪 H 垫上能够一次起飞成功。

2）轻型无人机空中向左旋转 90°，在 1.5m 的高度上，让轻型无人机保持对头悬停空间位置基本不变的飞行状态 10s 以上。

3）轻型无人机能够准确地降落在停机坪 H 垫中心处。

4. 训练难点

1）轻型无人机在空中能平稳地向左旋转 90°。

2）轻型无人机能够在 1.5m 高度的空中，保持空间位置基本不变的飞行状态 10s 以上，其左、右偏移不超过 1 个机身，其上、下移动不超过 0.2m。

3）轻型无人机能够准确地降落在停机坪 H 垫中心处。

5. 训练要领

1）让轻型无人机在空中向左旋转 90°，使轻型无人机保持向左悬停空间位置基本不变的飞行状态 10s 以上，其左、右偏移不超过 1 个机身，其上、下移动不超过 0.2m。

2）降落时，要降低油门，在离地面 0.2~0.3mm 时，稍微降低油门，使轻型无人机缓慢地接近停机坪，接着再次缓慢地降低油门，直到轻型无人机缓慢地触地（停止推动油门），停在停机坪上，这样可以有效地避免轻型无人机突然降落，而受到地面巨大的反冲击力，而使其严重受损。

6. 训练示范

轻型无人机（玩具无人机）向左旋转 90°，飞行高度保持在 1.5m 左右，对左悬停，其左、右偏移不超过 1 个机身，其上、下移动不超过 0.2m，如图 4-72 所示。

图 4-72 对左悬停

4.6.5 对右悬停

1. 学时

建议学时为 4h。

2. 训练器材

轻型无人机（F450 无人机）、遥控器、锂电池、停机坪 H 垫。

3. 训练要求

1）轻型无人机空中向右旋转 90°，空中能够在 1.5m 的高度上，让轻型无人机保持对右悬停空间位置基本不变的飞行状态 10s 以上，其左、右偏移不超过 1 个机身，其上、下移动超过 0.2m。

2）轻型无人机能够准确地降落在停机坪 H 垫中心处。

4. 训练难点

1）轻型无人机在空中能平稳地向右旋转 90°，使轻型无人机保持空间位置基本不变的飞行状态 10s 以上，其左、右偏移不超过 1 个机身，其上、下移动不超过 0.2m。

2）轻型无人机能够准确地降落在停机坪 H 垫中心处。

5. 训练要领

1）当轻型无人机上升到 1.5m 时，开始降低油门，让轻型无人机在空中向右旋转 90°，并且不断地微调油门大小，使轻型无人机能保持在 1.5m 左右的高度上，让轻型无人机保持向左悬停空间位置基本不变的飞行状态 10s 以上。

2）降落时，要降低油门，在离地面 0.2~0.3mm 时，稍微降低油门，使轻型无人机缓慢地接近停机坪，接着再次缓慢地降低油门，直到轻型无人机缓慢地触地（停止推动油门），停在停机坪上，这样可以有效地避免轻型无人机突然降落，而受到地面巨大的反冲击力，而使其严重受损。

6. 训练示范

轻型无人机（F450 无人机）向右旋转 90°，飞行高度保持在 1.5m 左右，对右悬停，其左、右偏移不超过 1 个机身，其上、下移动不超过 0.2m，如图 4-73 所示。

图 4-73　对右悬停

4.6.6　对头悬停

1. 学时

建议学时为 4h。

2. 训练器材

轻型无人机（F450 无人机）、遥控器、锂电池、停机坪 H 垫。

3. 训练要求

1）轻型无人机在停机坪 H 垫上能够一次起飞成功。

2）轻型无人机空中缓慢地旋转 180°，尾部朝前，头部面对着训练者，能够在 1.5m 的高度上，让轻型无人机保持对头悬停空间位置基本不变的飞行状态 10s 以上，左、右偏移不超过 1 个机身，上、下移动不超过 0.2m。

3）轻型无人机能够准确地降落在停机坪 H 垫中心处。

4. 训练难点

1）轻型无人机在空中能平稳地旋转 180°。

2）轻型无人机尾部朝前，头部对着训练者，能够在 1.5m 的高度上，保持空间位置基本不变的飞行状态 10s 以上，其左、右偏移不超过 1 个机身，其上、下移动不超过 0.2m。

3）轻型无人机能够准确地降落在停机坪 H 垫中心处。

5. 训练要领

1）当轻型无人机上升到 1.5m 时，要开始降低油门，让轻型无人机在空中缓慢地旋转 180°，尾部朝前，头部对着训练者，并且不断地微调油门大小，使轻型无人机能保持在 1.5m 左右的高度上，让轻型无人机保持对尾悬停空间位置基本不变的飞行状态 10s 以上。

2）降落时，要降低油门，在离地面 0.2~0.3mm 时，稍微降低油门，使轻型无人机缓慢地接近停机坪，接着再次缓慢地降低油门，直到轻型无人机缓慢地触地（停止推动油门），停在停机坪上，这样可以有效地避免轻型无人机突然降落，而受到地面巨大的反冲击力，而使其严重受损。

6. 训练示范

轻型无人机（F450 无人机）从停机坪 H 垫处起飞，旋转 180°，飞行高度保持在 1.5m 左右，对尾悬停，其左、右偏移不超过 1 个机身，其上、下移动不超过 0.2m，如图 4-74 所示。

悬停

图 4-74 对头悬停

4.6.7 轻型无人机基本操作（四位悬停）项目考核

轻型无人机基本操作（四位悬停）项目考核，见表 4-7。

表 4-7 轻型无人机基本操作（四位悬停）项目考核

考核编号　　　　　　　　　　　　　　　　　　　　　　　　　　　　总得分

考核项目	考核项目	配分	评分细则	得分
定点起降	定点起飞	10	一次起飞不成功，扣 5 分	
	定点降落	10	停在区域外，不得分 降落不柔和、不平稳，不得分	
对头悬停（20s）		20	停 15s，得 10 分 停 10s，得 5 分 停 5s，不得分	
对尾悬停（20s）	姿态稳定性	20		
左侧悬停（20s）		20		
右侧悬停（20s）		20		

4.6.8 飞直线

1. 学时

建议学时为 4h。

2. 训练器材

轻型无人机（玩具无人机）、遥控器、锂电池、停机坪 H 垫、2 个安全警示锥。

3. 训练要求

1）轻型无人机头部朝前，尾部面对着训练者，从第 1 个安全警示锥→第 2 个安全警示锥，再掉头，从第 2 个安全警示锥→第 1 个安全警示锥，降落在停机坪 H 中心处。

2）直线飞行过程中，要求飞行成一条直线。

3）轻型无人机在飞行过程中上、下移动不超过 0.2m。

4. 训练难点

1）轻型无人机在空中能够把直线飞得很直，而且上、下、左、右移动不超过 0.2m。

2）轻型无人机在空中能够很平稳地飞完直线。

3）轻型无人机能够准确地降落在停机坪 H 垫中心处。

5. 训练示范

轻型无人机从停机坪 H 处起飞，直线飞行，再掉头，直线飞回，如图 4-75 所示。

直线飞行

图 4-75　直线飞行

4.6.9　飞长方形航线

1. 学时

建议学时为 4h。

2. 训练器材

轻型无人机（F450 无人机）、遥控器、锂电池、停机坪 H 垫、4 个安全警示锥。

3. 训练要求

1）轻型无人机头部朝前，尾部面对着训练者，向前飞行接近第 1 个安全警示锥→直线飞行→到第 2 个安全警示锥→向右转 90° →飞到第 3 个安全警示锥→再转 90° →飞到第 4 个安全警示锥→到停机坪附近→降落在停机坪 H 垫中心处，其长方形航线示意图，如图 4–76 所示。

2）轻型无人机能够准确地降落在停机坪 H 垫中心处。

3）在长方形航线飞行过程中，轻型无人机上、下移动不超过 0.2m。

4. 训练难点

1）轻型无人机在空中能够把直线飞得很直，而且上、下、左、右移动不超过 0.2m。

2）轻型无人机能够准确地降落在停机坪 H 垫中心处。

3）在长方形航线飞行过程中，轻型无人机上、下移动不超过 0.2m。

4）连贯、高质量地完成整个长方形航线的训练。

5. 训练示范

无人机从停机坪 H 垫处起飞，飞长方形航线，如图 4–77 所示。

长方形飞行

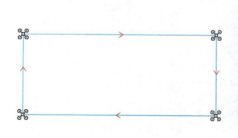

图 4–76　长方形航线示意图

图 4–77　长方形航线

4.6.10 环绕（逆时针）

1. 学时

建议学时为 4h。

2. 训练器材

轻型无人机（F450 无人机）、遥控器、锂电池、停机坪 H 垫、6 个安全警示锥。

3. 训练要求

轻型无人机起飞，其头部超前，尾部面对着训练者→逆时针方向围绕 6 个安全警示锥转圆圈→逆时针方向飞向停机坪→停机坪 H 垫上面→降落，环绕飞行示意图如图 4-78 所示。

4. 训练难点

1）轻型无人机在空中能够围绕 6 个安全警示锥转圆圈，逆时针方向转圆圈旋转飞行得非常流畅，而且上、下移动不超过 0.4m。

2）轻型无人机能够准确地降落在停机坪 H 垫中心处。

3）高质量、连贯地完成整个环绕（逆时针方向）转圆圈旋转飞行的训练。

5. 训练示范

如图 4-79 所示。

环绕飞行

图 4-78   环绕飞行示意图

图 4-79   环绕飞行

4.6.11　"8"字（逆时针方向）飞行

1. 学时

建议学时为 8h。

2. 训练器材

轻型无人机（F450 无人机）、遥控器、锂电池、停机坪 H 垫、7 个安全警示锥，如图 4–80 和图 4–81 所示。

图 4–80　摆 "8" 字图形

图 4–81　飞 "8" 字前准备

3. 训练要求

轻型无人机起飞，其头部超前，尾部面对着训练者，按示意图 4–82 所示，逆时针方向飞向第 1 个安全警示锥→逆时针方向飞向第 2 个安全警示锥→从第 2 个安全警示锥飞向→第 3 个安全警示锥→再飞向从第 4 个安全警示锥→飞向第 5 个安全警示锥→飞向第 6 个安全警示锥→飞向第 5 个安全警示锥→飞向停机坪 H 垫→降落。

4. 训练难点

1）轻型无人机在空中能够绕 7 个安全警示锥，把 "8" 字（逆时针方向）飞行得非常流畅，而且上、下移动不超过 0.4m。

2）轻型无人机能够准确地降落在停机坪 H 垫中心处。

3）高质量、连贯地完成整个"8"字（逆时针方向）飞行的训练。

5. 训练示范

轻型无人机从停机坪 H 垫上起飞，按示意图，绕"8"字（逆时针方向）飞行，如图 4-83 所示。

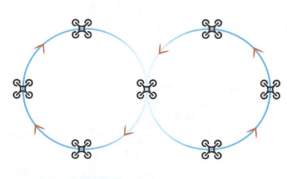

"8"字飞行

图 4-82　飞"8"字示意图

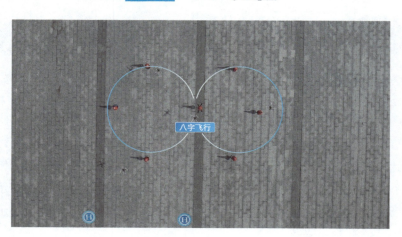

图 4-83　飞"8"字

　小知识　　大国工匠　大术无极

复 习 思 考 题

1.场地选择：微型无人机训练＿＿＿＿＿时，尽量选择在＿＿＿＿＿、＿＿＿＿＿、＿＿＿＿＿、＿＿＿＿＿的＿＿＿＿＿进行，这样可以不受＿＿＿＿＿、＿＿＿＿＿、＿＿＿＿＿的影响。

2.在室外，要选择＿＿＿＿＿、＿＿＿＿＿、＿＿＿＿＿、＿＿＿＿＿、＿＿＿＿＿、＿＿＿＿＿、＿＿＿＿＿、＿＿＿＿＿场地进行训练。注意，一定要远离一切不安全的因素，如＿＿＿＿＿、＿＿＿＿＿、＿＿＿＿＿、＿＿＿＿＿等，其飞行高度要控制在＿＿＿＿＿以内。

3.在室外，要充分考虑天气，不允许在＿＿＿＿＿、＿＿＿＿＿、＿＿＿＿＿、＿＿＿＿＿、＿＿＿＿＿等有＿＿＿＿＿的情况下，进行室外训练。

4.不允许在＿＿＿＿＿、＿＿＿＿＿、＿＿＿＿＿等＿＿＿＿＿区域进行无人机飞行训练。

5.确保训练微型无人机和训练＿＿＿＿＿、训练＿＿＿＿＿都处于＿＿＿＿＿距离、＿＿＿＿＿范围内。

6.实施＿＿＿＿＿飞行训练时，微型无人机一定要控制在＿＿＿＿＿的＿＿＿＿＿区域。

7.严禁微型无人机在＿＿＿＿＿上空进行飞行训练，也不能对着＿＿＿＿＿、＿＿＿＿＿、＿＿＿＿＿，这样特别容易造成人员的＿＿＿＿＿及＿＿＿＿＿。

8.在无人机飞行时，一定要＿＿＿＿＿遥控器，＿＿＿＿＿微型无人机＿＿＿＿＿，防止因＿＿＿＿＿，使电动机＿＿＿＿＿。

9.两架以上微型无人机，不宜在＿＿＿＿＿、＿＿＿＿＿进行训练，如果一定要在同一场地进行训练，必须在两架微型无人机之间，安装＿＿＿＿＿。

10.微型无人机飞行时，必须＿＿＿＿＿手机。

扫码查看答案

第5章　穿越机训练

➡️ **知识目标**
1）熟知穿越机的安全。
2）熟知穿越机训练及考核方法。

➡️ **能力目标**
1）对穿越机的安全有比较全面的了解和掌握。
2）掌握穿越机的操作方法。

➡️ **素质目标**
1）与团队成员协作，开展穿越机安全作业。
2）树立穿越机安全作业的岗位意识。

随着无人机的发展，其应用领域也得到了飞速的发展。穿越机是无人机家族中高速、独特、续航时间较短的小型无人机，其速度可以达到120~230km/h。练习穿越机有点像练习开赛车，如果速度高了还能熟练操控，那么开普通小汽车就显得很简单了。同样，练习好穿越机的飞行后，再去操作控制其他各种普通类型的无人机，相对来说也就比较简单了。

5.1　安全

5.1.1　飞行前的注意事项

1. 场地

（1）室内

1）训练基础项目时，尽量选择在空间较大、较高、无人的室内进行，这样可以不受天气、气候、环境的影响。

2）训练基础项目时，穿越机始终要保持在视线内进行控制飞行。

3）在训练基础项目过程中，要有效地避免穿越机突然失控发生伤人事故。

（2）室外

1）一定要选择人烟稀少、空旷、开阔、无人、无风筝、无水塘、无大沟渠、无建筑物、无电线杆、无任何遮挡、无明显凸起的岩石、土坎、树桩场地进行训练。注意，一定要远离一切不安全的因素，如人群、建筑物、高压线、树木、山体等，飞行高度控制在 3~6m 为宜。

2）要充分考虑并确保穿越机与视频眼镜接收天线之间传输信号的质量。

3）要充分考虑天气因素，不允许在有风、有雾、下雨、下雪、打雷、夜晚等有危险因素的情况下进行室外训练。

4）不允许在机场、军事禁区、体育场等禁飞区域进行训练。

5）一定要确认穿越机飞行区域的视野范围。

2. 设备

（1）穿越机检查

1）穿越机各个部件连接是否正确。

2）穿越机的正桨叶、反桨叶安装方向是否正确、有无损伤。

3）穿越机的电池电量是否充满。

（2）遥控器检查

1）遥控模式（美国手、日本手）。

2）遥控电池电量。

3）遥控信号连接。

（3）视频传输检查

1）信号传输。

2）摄像头角度。

3）视频眼镜的电池。

5.1.2　飞行中的注意事项

1. 安全

1）确保训练穿越机和训练人员、训练教师都处于安全距离、安全范围内。

2）实施手动飞行训练时，穿越机一定要控制在视野范围安全区域内进行飞行训练。

3）严禁穿越机在有人群、风筝的上空进行飞行训练，也不能对着人、车、动物降落，这样特别容易造成人员的伤亡及事故。

4）确保穿越机有足够的电量，让穿越机能够安全返回。

5）手指和身体各部位一定要避开正在旋转的桨叶，避免受到伤害。

6）飞行时，一定要先打开遥控器，再给穿越机通电，防止因设置过失而使电动机突然起动。

7）第 1 次尝试飞行穿越机时，一定要找一个观察员进行辅助。

8）训练者要选择背对着阳光的方向进行穿越机飞行训练。

9）不允许让穿越机飞到训练者的身后，同样禁止让穿越机围着训练者转圈飞。

10）禁止训练者用手去接正在降落的穿越机。

11）两架以上穿越机，不宜在同一时间、同一场地进行训练，如果一定要在同一场地进行训练，必须在两架穿越机之间安装安全飞行隔离网。

12）进行穿越机训练时，必须全程关闭手机。

13）酒后严禁进行穿越机训练。

2. 监督

1）起飞前，一定要确认穿越机的机尾面向训练人员。

2）穿越机训练时，必须要有专业指导教师在训练现场进行全程监督和指导。

5.1.3　飞行后的注意事项

1）机体外观检查：仔细查看穿越机的机身、起落架有没有受到损伤，如果受到了损伤要及时维修或者更换。

2）部件外观检查：仔细查看穿越机的桨叶、电动机有没有受到损伤，如果受到了损伤要及时更换。

3）连接螺栓是否有松动，如果出现松动，要及时将其拧紧。

4）检查连接插头是否松动，如果出现松动，要及时将其插紧。

5）发现破损老化的线路，要及时进行更换。

6）检查穿越机的电池电量是否不足，如果不足，就需要马上把电池从电池仓中拆卸下来，并将已经充满电的电池安装上去。

7）定期清洁穿越机表面的污染物，保持穿越机表面清洁。

5.2　穿越机经常遇到的障碍

5.2.1　拱门

拱门是呈弧形的门。作为穿越机训练、比赛的赛道中最常用、最容易穿越的障碍，拱门可以直接设置在沙滩、草地上，使用钎子插入地下，如图 5-1 所示。

图 5-1　拱门

5.2.2　刀旗

刀旗是形状如刀的旗帜。作为穿越机训练、比赛的赛道中最常用的位置旋转标志的障碍，刀旗可以设置在沙滩、草地上，使用钎子插入地下，如图 5-2 所示。

5.2.3　方形框架门

方形框架门是呈长方形或者正方形的门，作为穿越机训练、比赛的赛道中常用的穿越障碍，如图 5-3 所示。

图 5-2　刀旗

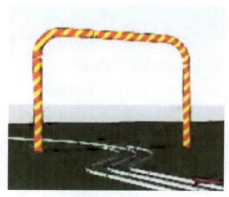

图 5-3　方形框架门

5.2.4　立体框架门

立体框架门是呈正方形或者长方形二层以上的立体门，作为穿越机高级比赛的赛道中常用的穿越障碍，如图 5-4 所示。

5.2.5　圆柱形通道

圆柱形通道是呈长圆柱形，长方向摆放在地面上的立体圆柱桶。因为圆柱形通道在穿越机穿越时，对信号会有瞬时屏蔽作用，增大了穿越难度，所以圆柱形通道常作为穿越机高级比赛赛道中的穿越障碍，如图 5-5 所示。

图 5-4　立体框架门

图 5-5　圆柱形通道

（图片源自：赖竞豪）

5.3　穿越机第三视角（目视）基础训练

从第 4 章微型、轻型无人机训练结束过渡到穿越机训练，将是一个质的提升，也就是从操控低速无人机向操控高速无人机进军，这两者之间从无人机操控的技术层面、技术难度、技术熟练程度要求上来说，还是有很大差异的。要想尽快适应新机型的训练，特别是把前面的训练方法与后面的训练及学习方法进行统一，就要从穿越机第三视角（目视）入手，先进行适应性的训练，熟练后，再过渡到穿越机第一视角训练，适当降低学习穿越机的难度，快速提升操控穿越机的能力。

5.3.1　对尾悬停

1. 学时

建议学时为 4h。

2. 训练器材

穿越机、遥控器、锂电池。

3. 训练要求

穿越机头部朝前，尾部对着训练者，能够在 1.5m 高度的空中，让穿越机保持空间位置基本不变的飞行状态 10s 以上，其左、右偏移不超过 1 个机身，其上、下移动范围不超过 0.2m。

4. 训练难点

在 1.5m 高度的空中，保持空间位置基本不变的飞行状态 10s 以上；其左、右偏移不超过 1 个机身；其上、下浮动不超过 0.2m。

5. 训练示范

第三视角对尾悬停如图 5-6 所示。

图 5-6　第三视角对尾悬停

第三视角对尾
悬停

5.3.2　侧方位悬停

1. 学时

建议学时为 4h。

2. 训练器材

穿越机、遥控器、锂电池。

3. 训练要求

穿越机头部朝前，尾部对着训练者，能够在 1.5m 高度的空中，让穿越机平稳地向左或者向右旋转 90°，保持空间位置基本不变的飞行状态 10s 以上，其左、右偏移不超过 1 个机身，其上、下移动范围不超过 0.2m。

4. 训练难点

在 1.5m 高度的空中，穿越机能够平稳地向左或者向右旋转 90°，旋转后保持在侧方位空间位置基本不变的飞行状态 10s 以上；其左、右偏移不超过 1 个机身，其上、下浮动范围不超过 0.2m。

图 5-7　侧方位悬停

5. 训练示范

侧方位悬停如图 5-7 所示。

5.3.3　对头悬停

侧方位悬停

1. 学时

建议学时为 4h。

2. 训练器材

穿越机、遥控器和锂电池。

3. 训练要求

起飞时，穿越机头部朝前，尾部对着训练者，能够在 1.5m 高度的空中平稳地旋转 180°，使穿越机尾部朝前，头部对着训练者，让穿越机保持空间位置基本不变的飞行状态 10s 以上，其左、右偏移不超过 1 个机身，其上、下移动范围不超过 0.2m。

4. 训练难点

穿越机能够在 1.5m 高度的空中平稳地旋转 180°，保持对头悬停空间位置基本不变的飞行状态 10s 以上；其左、右偏移不超过 1 个机身，其上、下移动范围不超过 0.2m。

5. 训练示范

对头悬停如图 5-8 所示。

图 5-8　对头悬停

对头悬停

5.3.4　空间立体翻滚

1. 学时

建议学时为 2h。

2. 训练器材

穿越机、遥控器和锂电池。

3. 训练要求

穿越机飞行到 2.5m 左右高度时，进行空间立体翻滚，上下翻转 360°。

4. 训练难点

穿越机飞行到 2.5m 左右高度时，把握好穿越机进行空间立体翻滚的时机。

5. 训练示范

穿越机进行空间立体翻滚，如图 5-9 所示。

图 5-9　空间立体翻滚

5.3.5　环绕

1. 学时

建议学时为 4h。

2. 训练器材

穿越机、遥控器、锂电池和标志杆 1 根。

3. 训练要求

穿越机在 1.2m 左右的高度围着标志杆转圆圈，环绕 2 圈以上。

4. 训练难点

穿越机飞行到 1.2m 左右高度平稳地围着标志杆进行环绕。

5. 训练示范

穿越机围着标志杆进行环绕，如图 5-10 所示。

环绕

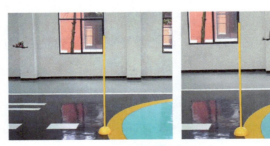

图 5-10　环绕

空间立体翻滚

5.4 穿越机第一视角——初级训练

5.4.1 穿越机第一视角

穿越机第一视角，就是操作者戴上视频眼镜以亲眼所见（自己的视角）的角度观看穿越机整个时实飞行。

5.4.2 对尾悬停

1. 学时

建议学时为 4h。

2. 训练器材

穿越机、遥控器、锂电池、视频眼镜和座凳。

3. 训练要求

1）穿越机头部朝前，尾部对着戴上视频眼镜的训练者（坐者），能够在 0.8m 左右高度的空中，让穿越机保持空间位置基本不变的飞行状态 10s 以上，其左、右偏移不超过 1 个机身，其上、下移动范围不超过 0.2m。

2）穿越机头部朝前，尾部对着戴上视频眼镜的训练者（站着），能够在 1.5m 左右高度的空中，让穿越机保持空间位置基本不变的飞行状态 10s 以上，其左、右偏移不超过 1 个机身，其上、下移动范围不超过 0.2m。

4. 训练难点

穿越机头部朝前，尾部对着戴上视频眼镜的训练者，能够在 0.8m 和 1.5m 高度的空中，保持空间位置基本不变的飞行状态 10s 以上，其左、右偏移不超过 1 个机身，其上、下浮动范围不超过 0.2m。

5. 训练示范

训练者坐着操控穿越机，进行悬停训练，如图 5–11 所示。

5.4.3　小四边航线（绕两面刀旗）飞行

1. 学时

建议学时为 4h。

2. 训练器材

穿越机、遥控器、锂电池、视频眼镜和两面刀旗。

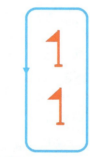

图 5–11　坐姿进行悬停训练

（图片源自：庞思鸣）

3. 训练要求

1）穿越机头部朝前，尾部对着戴上视频眼镜的训练者，按照小四边航线（绕着两面刀旗）飞行示意图，逆时针方向或者顺时针方向进行飞行训练，如图 5–12 所示。

2）穿越机能够在 2m 左右高度的空中，做到飞直线时能够飞直，平稳地向左转 90° 小弯或者向右转 90° 小弯，其上、下移动范围不超过 0.4m。

图 5–12　小四边航线飞行示意图

4. 训练难点

1）穿越机头部朝前，尾部对着戴上视频眼镜的训练者，能够在 2m 左右高度的空中，保持其上、下移动范围不超过 0.4m。

2）穿越机在飞直线时要能飞直。

3）穿越机在转小弯时，能够很平稳地向左转 90° 小弯或者向右转 90° 小弯。

绕两面刀旗飞行

5. 训练示范

穿越机在小四边航线（绕两面刀旗）飞行，如图 5-13 所示。

图 5-13　小四边航线（绕两面刀旗）飞行

5.4.4　四边航线（绕四面刀旗）飞行

1. 学时

建议学时为 2h。

2. 训练器材

穿越机、遥控器、锂电池、视频眼镜和四面刀旗。

3. 训练要求

1）穿越机头部朝前，尾部对着戴上视频眼镜的训练者，按照四边航线（绕四面刀旗）飞行示意图，逆时针方向或者顺时针方向进行飞行训练，如图 5-14 所示。

2）穿越机能够在 2m 左右高度的空中，做到直线飞行，平稳地向左转 90° 弯或者向右转 90° 弯，其上、下移动范围不超过 0.4m。

4. 训练难点

1）穿越机头部朝前，尾部对着戴上视

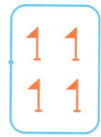

图 5-14　四边航线（绕四面刀旗）飞行示意图

频眼镜的训练者，能够在 2m 左右高度的空中，保持其上、下浮动范围不超过 0.4m。

2）穿越机在飞直线时，要能飞直。

3）穿越机在转 90°弯时，能够很平稳地向左转 90°弯或者向右转 90°弯。

5. 训练示范

穿越机在四边航线（绕四面刀旗）飞行，如图 5-15 所示。

绕四面刀旗飞行

图 5-15　四边航线（绕四面刀旗）飞行

5.5　穿越机第一视角——中级训练

5.5.1　绕圆圈（绕三面刀旗）

1. 学时

建议学时为 4h。

2. 训练器材

穿越机、遥控器、锂电池、视频眼镜和三面刀旗。

3. 训练要求

1）穿越机头部朝前，尾部对着戴上视频眼镜的训练者，按照绕圆圈（绕

三面刀旗）飞行示意图，逆时针方向或者
顺时针方向进行飞行训练，如图 5-16 所示。

　　2）穿越机能够在 2m 左右高度的空中，
做到平稳地围绕三面刀旗向左转弯或者向
右转弯，连续地绕圆圈形飞行，其上、下
移动范围不超过 0.4m。

4. 训练难点

图 5-16　绕圆圈（绕三面刀旗）
　　　　　飞行示意图

　　1）穿越机头部朝前，尾部对着戴上视
频眼镜的训练者，能够在 2m 左右高度的空中，保持其上、下移动范围不超
过 0.4m。

　　2）穿越机在转圆圈时，能够很平稳、连续性地向左转圆圈或者向右转
圆圈。

5. 训练示范

穿越机绕圆圈（绕三面刀旗）飞行，如图 5-17 所示。

绕三面刀旗飞行

图 5-17　绕圆圈（绕三面刀旗）飞行

5.5.2　圆形穿越（围绕两个拱门）

1. 学时

建议学时为 4h。

围绕两个拱门飞行

2. 训练器材

穿越机、遥控器、锂电池、视频眼镜和两个拱门。

3. 训练要求

1）穿越机头部朝前，尾部对着戴上视频眼镜的训练者，按照圆形穿越（绕两个拱门）飞行示意图，逆时针方向或者顺时针方向进行飞行训练，如图5-18所示。

2）穿越机能够在空中平稳、连续地进行圆形穿越（绕两个拱门）飞行。

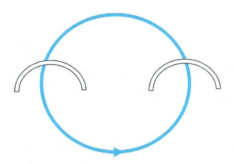

图5-18　圆形穿越（绕两个拱门）飞行示意图

4. 训练难点

穿越机在圆形穿越（绕两个拱门）时，能够很平稳、很准确、连续性地进行穿越。

5. 训练示范

穿越机进行圆形穿越（绕两个拱门）飞行，如图5-19所示。

图5-19　圆形穿越（绕两个拱门）飞行

5.5.3　正"8"字（两个拱门之间）穿越

1. 学时

建议学时为4h。

2. 训练器材

穿越机、遥控器、锂电池、视频眼镜和两个拱门。

两个拱门，
正"8"字

3. 训练要求

1）穿越机头部朝前，尾部对着戴上视频眼镜的训练者，按照正"8"字（在两个拱门之间）穿越飞行示意图，逆时针方向或者顺时针方向进行飞行训练，如图 5-20 所示。

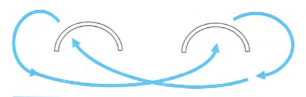

图 5-20　正"8"字（两个拱门间）穿越飞行示意图

2）穿越机能够在空中平稳、连续地进行正"8"字（两个拱门间）穿越飞行。

4. 训练难点

穿越机在正"8"字（两个拱门间）穿越飞行时，能够很平稳、很准确、连续性地进行穿越。

5. 训练示范

穿越机正"8"字（两个拱门之间）穿越飞行，如图 5-21 所示。

图 5-21　正"8"字（两个拱门间）穿越飞行

5.5.4　四边航线（四个拱门）飞行

1. 学时

建议学时为 4h。

2. 训练器材

穿越机、遥控器、锂电池、视频眼镜和四个拱门。

3. 训练要求

1）穿越机头部朝前，尾部对着戴上视频眼镜的训练者，按照四边航线（四个拱门）飞行示意图，逆时针方向或者顺时针方向进行飞行训练，如图 5-22 所示。

2）穿越机能够在空中平稳、连续地进行四边航线（四个拱门）穿越飞行。

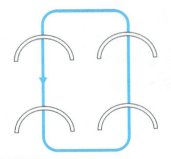

图 5-22　四边航线（四个拱门）飞行示意图

4. 训练难点

穿越机平稳、连续地进行四边航线（四个拱门）穿越飞行。

5. 训练示范

穿越机四边航线（四个拱门）穿越飞行，如图 5-23 所示。

四边航线，四个拱门

图 5-23　四边航线（四个拱门）穿越飞行

5.5.5　转 S 弯、连续穿越四个拱门

1. 学时

建议学时为 4h。

2. 训练器材

穿越机、遥控器、锂电池、视频眼镜和四个拱门。

3. 训练要求

1）穿越机头部朝前，尾部对着戴上视频眼镜的训练者，按照转 S 弯、连续穿越四个拱门的飞行示意图，顺时针方向或者逆时针方向，进行飞行训练，如图 5-24 所示。

2）穿越机能够在空中平稳、连续地进行转 S 弯、连续穿越四个拱门的飞行。

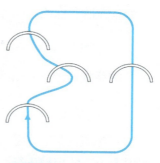

4. 训练难点

穿越机平稳、连续地进行转 S 弯、连续穿越四个拱门的飞行。

图 5-24　转 S 弯、连续穿越四个拱门飞行示意图

5. 训练示范

穿越机在转 S 弯、连续穿越四个拱门飞行，如图 5-25 所示。

图 5-25　转 S 弯穿越四个拱门飞行

转 S 弯穿越四个拱门

5.6　穿越机第一视角——高级训练

5.6.1　室内——高级训练 1

1. 学时

建议学时为 4h。

2. 训练器材

穿越机、遥控器、锂电池、视频眼镜、一个方形拱门、两个灯光拱门和

室内高级训练 1

一个短圆桶形管道。

3. 训练要求

按照规定的飞行航线，进行穿越训练。

4. 训练难点

穿越机高速、平稳、连续地通过一个方形拱门、两个灯光拱门和一个短圆桶形管道的穿越飞行。

5. 训练示范

穿越机进行一个方形拱门、两个灯光拱门和一个短圆桶形管道的室内高级训练1，如图5-26所示。

图 5-26　室内高级训练1

（图片源自：承星智创）

5.6.2　室内——高级训练 2

1. 学时

建议学时为4h。

室内高级训练2

2. 训练器材

穿越机、遥控器、锂电池、视频眼镜、四个灯光方形拱门、一个三角形拱门和一个圆桶形管道。

3. 训练要求

按照规定的飞行航线，进行穿越训练。

4. 训练难点

穿越机高速、连续地通过四个灯光方形拱门、一个三角形拱门和一个圆桶形管道的穿越飞行。

5. 训练示范

穿越机进行四个灯光方形拱门、一个三角形拱门和一个圆桶形管道的室内高级训练 2，如图 5-27 所示。

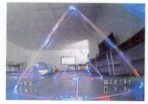

图 5-27　室内高级训练 2

（图片源自：承星智创）

5.6.3　室内——高级训练 3

室内高级训练 3

1. 学时

建议学时为 4h。

2. 训练器材、场地

beetle 穿越机、遥控器、锂电池、视频眼镜、小汽车和地下停车坪。

3. 训练要求

按照规定的飞行航线，进行穿越训练。

4. 训练难点

beetle 穿越机高速、平稳地地穿过车门，在地下停车坪里进行穿越飞行。

5. 训练示范

beetle 穿越机在车门和地下停车坪里进行穿越飞行的室内高级训练 3，如图 5-28 所示。

图 5-28　室内高级训练 3

（图片源自：创世泰克）

5.6.4　室外——高级训练 1

室外高级训练 1

1. 学时

建议学时为 4h。

2. 训练器材、场地

穿越机、遥控器、锂电池、视频眼镜、四个拱门、六面刀旗和室外草坪。

3. 训练要求

按照规定的飞行航线，进行穿越训练。

4. 训练难点

穿越机高速、平稳、连续地通过拱门→刀旗→拱门的穿越飞行。

5. 训练示范

穿越机进行拱门→刀旗→拱门的室外高级训练 1，如图 5-29 所示。

图 5-29　室外高级训练 1

（图片源自：夏恒）

5.6.5 室外——高级训练 2

室外高级训练 2

1. 学时

建议学时为 4h。

2. 训练器材、场地

穿越机、遥控器、锂电池、视频眼镜、拱门、三面刀旗、一个立体方框和室外草坪。

3. 训练要求

按照规定的飞行航线进行穿越训练。

4. 训练难点

穿越机高速、平稳、连续地通过拱门→三面刀旗→一个立体方框的穿越飞行。

5. 训练示范

穿越机进行拱门→三面刀旗→一个立体方框的室外高级训练 2，如图 5–30 所示。

图 5–30 室外高级训练 2

（图片源自：夏恒）

5.6.6 室外——高级训练 3

1. 学时

建议学时为 4h。

2. 训练器材、场地

穿越机、遥控器、锂电池、视频眼镜和地下通道。

3. 训练要求

按照规定的飞行航线，进行穿越训练。

室外高级训练 3

4. 训练难点

穿越机高速、平稳地穿越地下通道。

5. 训练示范

穿越机进行穿越地下通道的室外高级训练 3，如图 5-31 所示。

图 5-31　室外高级训练 3
（图片源自：FOXEER）

5.6.7　室外——高级训练 4

1. 学时

建议学时为 4h。

2. 训练器材、场地

穿越机、遥控器、锂电池、视频眼镜、刀旗、圆形框架、立体方框和室外足球场。

3. 训练要求

按照指示灯规定的飞行航线，进行穿越训练。

4. 训练难点

穿越机高速、平稳地穿越规定的各种障碍。

5. 训练示范

穿越机进行穿越各种规定障碍的室外高级训练 4，如图 5-32 所示。

室外高级训练 4

图 5-32　室外高级训练 4

（图片源自：赖竞豪）

5.6.8　室外——高级训练 5

室外高级训练 5

1. 学时

建议学时为 4h。

2. 训练器材、场地

F110 小型穿越机、遥控器、锂电池、视频眼镜、视频显示器、拱形门、圆形门、刀旗和公园亭子。

3. 训练要求

按照规定的飞行航线，进行穿越训练。

4. 训练难点

F110 穿越机高速、平稳地穿越公园里的各种障碍和公园景色。

5. 训练示范

F110 穿越机在公园里进行室外高级训练 5，如图 5-33 所示。

图 5-33　室外高级训练 5

（图片源自：乐迪）

5.6.9　室外——高级训练 6

1. 学时

建议学时为 4h。

2. 训练器材、场地

beetle 小型穿越机、遥控器、锂电池、视频眼镜和游乐场。

3. 训练要求

按照规定的飞行航线，进行穿越训练。

4. 训练难点

beetle 小型穿越机高速、平稳地穿越游乐场里的各种障碍。

5. 训练示范

beetle 小型穿越机穿越游乐场进行室外高级训练 6，如图 5-34 所示。

室外高级训练 6

图 5-34　室外高级训练 6

（图片源自：创世泰克）

5.7　穿越机训练场地

1）小型穿越机室内训练场地如图 5-35 和图 5-36 所示。

图 5-35 小型穿越机室内训练场地 1
（图片源自：庞思鸣）

图 5-36 小型穿越机室内训练场地 2
（图片源自：承星智创）

2）穿越机室外训练场地如图 5-37 和图 5-38 所示。

图 5-37 穿越机室外训练场地 1
（图片源自：河南明宇）

图 5-38 穿越机室外训练场地 2
（图片源自：林戈）

5.8 穿越机小竞赛

竞赛规则如下：

（1）分组方式

1）参赛选手分为若干组，每组 3 人。

2）每个小组先进行单独竞赛，获胜者进入下一轮竞赛，如图 5-39 所示。

3）按此规则最后挑选出 3 人进行决赛，决赛第一名为冠军，第二名为亚军，

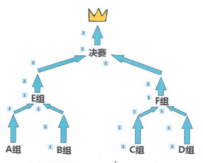

图 5-39 穿越机小竞赛
（图片源自：庞思鸣）

第三名为季军。

（2）比赛规则

1）比赛分为 3 人／组，进行穿越机飞行竞赛。

2）听到裁判员发令后才可以起飞，如图 5-40 所示。

3）比赛飞行总圈数为 2 圈，选手在飞行过程中，如果出现一个拱门没有通过，则需要给这名选手的飞行时间加上 10s。

4）单轮竞赛结束后（图 5-41），统计各位选手的飞行时间，用时最短的选手晋级下一轮竞赛。

5）在竞赛过程中，如果出现穿越机撞到障碍物及发生坠落的情况，穿越机还可以继续飞行的，允许该选手继续进行竞赛；如果穿越机无法再继续进行竞赛，则取消这名选手本轮竞赛的成绩。

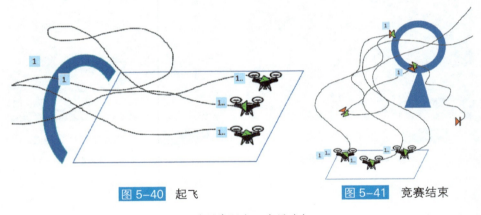

图 5-40　起飞　　　　　　　图 5-41　竞赛结束

（图片源自：庞思鸣）

（3）注意事项

1）每位选手在竞赛期间，必须上交自己的穿越机。

2）单次竞赛未结束前，任何人不得进入赛道内。

3）如果竞赛过程中，由于设备出现问题导致竞赛成绩受到影响，可以向裁判员申请重赛。

📖 **小知识**　　大国工匠　大技贵精

复 习 思 考 题

1. 穿越机是无人机家族中_____、_____、_____的小型无人机。

2. 穿越机的时速可以达到_____～_____km/h。

3. 在_____飞行时，操作者一定要_____穿越机飞行区域的_____。

4. 第_____次尝试飞行穿越机时，一定要找一个_____进行_____。

5. 穿越机飞行前，一定要进行_____系统的检查，确保_____、_____。

扫码查看答案

第6章 自动飞行训练

➡ **知识目标**

1）熟知无人机自动飞行的术语。

2）熟知地面站。

3）熟知无人机自动航线规划和自动飞行。

➡ **能力目标**

1）对无人机自动飞行术语有比较全面的掌握。

2）掌握无人机自动飞行规划和自动飞行的方法。

➡ **素质目标**

1）与团队成员协作，开展无人机自动飞行安全作业。

2）树立无人机安全作业的岗位意识。

6.1 基本术语

1. 空域

1）国家领空的一部分，具有主权属性，国家对其领空内所有空域具有完全管辖和控制权。

2）空中航行、运输、保卫国家领土主权和国家安全的重要领域。

3）航空飞行器运行的环境。

2. 空域分类

1）分为三大类：公共运输航空、通用航空和军事航空。

2）各主要空域用于满足各类用户对不同空域的使用需求。

3）确保各空域能得到安全、合理、充分、有效的利用。

4）国际民航组织的标准把空域管制区域分为 7 类：A、B、C、D、E、F 和 G。

5）我国民用航空把空域管制区域分为 4 类：A、B、C 和 D。

6）我国民用无人机系统使用的空域分为融合空域、隔离空域两类。

① 融合空域——与其他载人航空器同时运行的空域。

② 隔离空域——专门分配给遥控驾驶航空器运行的空域，并通过限制其他载人航空器的进入，以规避碰撞风险。

3. 航路

航路，即国家统一划定的具有一定宽度和高度的空中通道。

1）航路分为国际航路和国内航路。

2）航路范围规定：航路的上限高度、下限高度和航路宽度。

3）航空器在航路内飞行，必须实施空中交通管制。

4. 航线

航空器飞行的路线，称为航线，又称为空中交通线。

1）航空器的航线，确定了航空器飞行的具体方向、起讫点和经停点。

2）根据空中交通管制的需要，规定了航线的宽度和飞行高度，以维护空中交通秩序，保证飞行安全。

5. 航路与航线的区别

航路是根据地面导航设施建立的供航空器作航线飞行之用的空域，该空域以连接各导航设施的直线为中心线，规定有上限和下限高度和宽度。航线用于确定航空器飞行的具体方向、起讫点和经停地点。

6. 无人机航线规划

1）在无人机飞行前，应进行航线预规划——根据给定的任务，结合无人机飞行的环境，从整体上制订出最优的参考路径。

2）无人机飞行过程中，航线进行重新规划——根据无人机飞行过程中遇到的突发状况，如地形、气象变化、未知限飞因素等，及时地调整无人机的飞行路径。

6.2　地面站

无人机要实现自动飞行必须要使用地面站，而对使用 Mini Pix 飞控的用户来说，需要完成飞控的入门使用，安装地面站控制软件及驱动，熟悉地面站界面的各个菜单功能；连接接收机，完成飞控的遥控校准、加速度校准和罗盘校准，以及完成各类参数的设定。

6.2.1　地面站调试软件的下载与安装

地面站调试软件 Mission Planner 安装方法如下：

1）Mission Planner 的安装运行需要微软的 Net Framework 4.6.2 组件，官方下载地址为：https://dotnet.microsoft.com/download/dotnet-framework/thank-you/net462-web-installer。安装完 Net Framework 后，开始 Mission Planner 安装程序包，下载地址为：https://www.radiolink.com.cn/docc/minipixfirmware.html。

2）当安装过程中弹出设备驱动程序安装向导界面时，请单击"下一步"继续，等待安装完成，如图 6-1 所示。

3）注意事项：

① 对于精简版 GHOST 系统和 64 位 WIN7 系统因缺少相关文件，会导

图 6-1　Mission Planner 的安装
（图片源自：乐迪）

致驱动无法正常加载，出现设备管理器中设备名称出现感叹号的情况，如图 6-2 所示。

② PIX 驱动安装失败的文档，可以使用手动解决或用软件自动安装解决，其软件下载地址为：https://www.radiolink.com.cn/firmware/wiki/driverforpixhawk.rar。

③ 打上补丁后，再重新检索安装驱动程序，驱动安装成功的标志是：在设备管理器中正确标识 PX4FLOW 的端口，如图 6-3 所示。

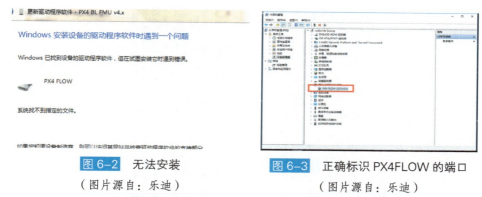

图 6-2　无法安装

（图片源自：乐迪）

图 6-3　正确标识 PX4FLOW 的端口

（图片源自：乐迪）

④ 如果在设备管理器中设备在通电瞬间正常显示，之后出现消失或者出现感叹号，可能是 USB 供电不足所致，其解决办法是：拔掉计算机上其他 USB 设备，然后再进行连接。

6.2.2　认识地面站 Misson Planner 界面

1）安装完 Mission Planner 和相关驱动后，可以开始启动 Misson Planner 主程序，第一次打开时会出现下面的提示：

① 第一个选择，应选择"Yes"。

② 后面的选择，都选择"No"。

2）启动 Misson Planner 主程序后，呈现一个多功能飞行数据仪表界面，如图 6-4 所示。

图 6-4　多功能飞行数据仪表界面

（图片源自：乐迪）

3）主界面左上方有 8 个主菜单按钮，如图 6-5 所示。

① 飞行数据——实时显示飞行姿态与数据。

② 飞行计划——任务规划菜单。

③ 初始设置——固件的安装与升级以及一些基本设置。

④ 配置 / 调试——PID 调节、参数调整等菜单。

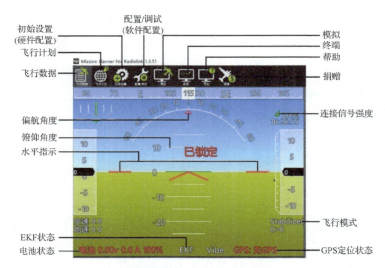

图 6-5　8 个主菜单按钮

（图片源自：乐迪）

⑤模拟——Mini Pix 刷入特定的模拟器固件后，将 Mini Pix 作为一个模拟器可以在计算机上模拟飞行。

⑥终端——类似 DOS 环境命令调试窗口，功能非常强大。

4）主界面右上方有 2 个主菜单按钮，如图 6-6 所示。

图 6-6　2 个主菜单按钮

（图片源自：乐迪）

5）飞行数据仪表参数指示，如图 6-7 所示。

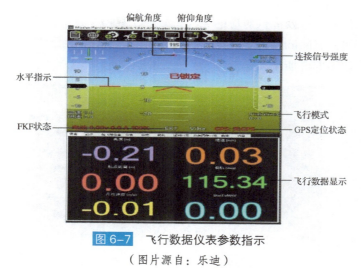

图 6-7 飞行数据仪表参数指示

（图片源自：乐迪）

6.2.3 调试地面站

调试地面站是无人机自动飞行前必不可少的过程，而调试地面站实际上就是调试无人机的 Mini Pix 飞控。

Mini Pix 飞控拿到手后，刷入你自己需要的固件。

1）固件安装前，先把飞控 Mini Pix 的 USB 线（普通安卓手机数据线）连接到计算机，确保计算机已经识别到 Mini Pix 的 COM 端口号后，打开 Mission Planner，在 Mission Planner 主界面的右上方端口，在下拉框中选择对应的 COM 端口，波特率选择为"115200"。

2）特别注意以下几点：

① 不要单击"connect"连接按钮，如果之前已经连接了 PIX，单击"Disconnect"，断开连接之后，再开始刷固件，否则固件安装过程中会弹出错误提示。

② 不要使用无线数据传输方法安装固件（无线数据传输与 USB 有着相同的通信功能，但是它缺少 reset 信号，无法在刷固件的过程中给 PIX 复位，进而可能导致固件安装失败）。

③ 如果安装固件界面没有出现图示数字版本号，提示：获取固件失败，可能是网络的问题，需要再次单击安装固件选项，重新打开安装固件界面，直到网络连接正常，出现数字版本号为止。

3）单击安装固件，窗口右侧会自动从网络下载最新的固件，并以图形化显示固件名称以及固件对应的无人机模式，只需要在对应无人机模式图片上单击即可，Mission Planner 会自动从网络上下载该固件，然后出现相应选择提示，如图 6-8 所示。

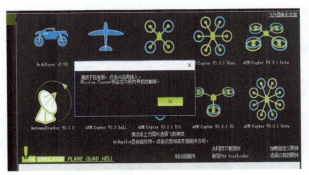

图 6-8　无人机模式选择提示

（图片源自：乐迪）

4）先拔下 USB 线，单击 OK，再插上 USB 线，然后自动完成连接识别飞控并刷入固件。注意：如果有多个 COM 端口名称出现，可能会出现失败，其解决办法是先去除其他设备。

5）可能出现假死界面（显示已经连接飞控），不用担心，通过查看飞控状态指示灯（红色常亮），此时正在刷写固件。

6）3.1 版本以上的固件在安装完成后，都会先弹出一个警告提示框"提醒：这个版本的固件在解锁后，电机就会以怠速运行"。

7）固件安装提示成功后，单击右上角的"connect"连接按钮，连接飞控，进行设置校准。

8）注意以下几点：

① 飞控连接地面站，读取参数的过程较长。

② 无"加载自定义固件"和"选择以前固件"这两个选项，如图 6-9 所示。

9）"配置 / 调试"选项中，无全部参数表。当连接地面站调节参数与刷入固件时，遇到问题情况，可以把"爬升率测定"选项从初始值"Basic"更改为"Advanced"，具体操作步骤如图 6-10 所示。

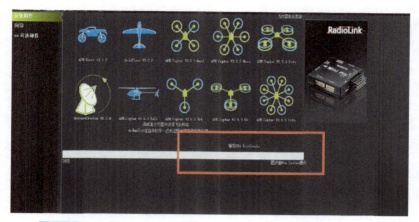

图 6-9　无"加载自定义固件"和"选择以前固件"这两个选项

（图片源自：乐迪）

图 6-10　更改"爬升率测定"选项

（图片源自：乐迪）

10）机架类型选择。

①提醒注意：图 6-11 所示的"向导"界面存在问题，不要使用"向导"界面设置飞控，后期此界面会进行改善。

②机架类型选择：按照图 6-12 所示实施。初始设置→必要硬件→机架类型→选机架类型（几轴）→选择机架形状。

图 6-11 不要使用"向导"界面设置飞控

（图片源自：乐迪）

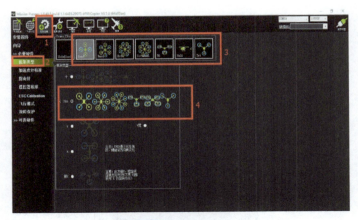

图 6-12 机架类型选择

（图片源自：乐迪）

11）加速度校准。加速度的校准建议：准备一个六面平整、边角整齐的方形硬纸盒或者塑料盒，按图 6-13 所示的步骤进行校准操作，即执行 6 个动作，每次按计算机"Enter"键进行确认。

① 水平放置，沿着飞控箭头图标向前摆放在桌面上，如图 6-14 所示，按下"Enter"键，进行保存。

② 向左边放置，即沿着飞控箭头图标向左转 90°，与水平面垂直，靠在盒子边沿摆放，如图 6-15 所示，按下"Enter"键进行保存。

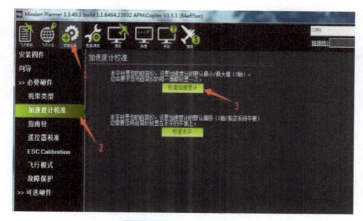

图 6-13　加速度校准

（图片源自：乐迪）

图 6-14　水平放置

图 6-15　向左边放置

（图片源自：乐迪）

③ 向右边放置，即沿着飞控箭头图标向右转 90°，与水平面垂直，靠在盒子边沿摆放，如图 6-16 所示，按下"Enter"键进行保存。

④ 向下放置，让飞控向下（即与飞控本身的箭头相反），沿着盒子边沿摆放，与桌面垂直，如图 6-17 所示，按下"Enter"键进行保存。

⑤ 向上放置，让飞控箭头向上放，与桌面垂直，如图 6-18 所示，按下"Enter"键进行保存。

⑥ 反过来放置，飞控正面朝下，箭头向前，水平放置在桌面上，如图 6-19 所示，按下"Enter"键进行保存。

图 6-16　向右边放置

图 6-17　向下放置

（图片源自：乐迪）

图 6-18　向上放置

图 6-19　反过来放置

（图片源自：乐迪）

12）遥控校准。

遥控校准需要连接接收机，飞控通过 USB 数据线成功连接地面站（也可以通过数传进行连接），其具体连接口如图 6-20 所示。

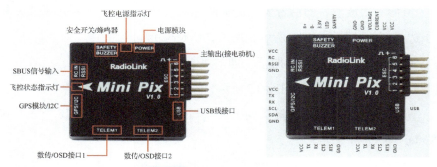

图 6-20　Mini Pix 飞控接口

（图片源自：乐迪）

遥控器（乐迪 AT9S）在多旋翼模型下的设置：遥控器接收机对码连接（按说明书进行），然后打开遥控器电源，当遥控器处于休眠锁定状态（按键，拨盘无效）时，按住拨盘中间的 Push 键进行解锁。

① 按"Mode"键，进入基础菜单，选择机型，进入拨动拨盘，拨到机型选项，按"Push"键进行选中，拨动拨盘，选择多旋翼模型，如图 6-21 所示；按"Push"键，等待"嘀嘀"响声结束，即保存模式之后再按"End"键退出。

② 对于乐迪 AT9S 遥控器，需要把油门反相，按"Mode"键，进入基础菜单，选择舵机相位，选择"3：油门"，按"Push"键选中，拨动拨盘选择"反相"，按"Push"键选中，保存，按"End"键退出，遥控器设置完成，如图 6-22 所示。

图 6-21　选择机型　　　　　　　　图 6-22　油门反相

（图片源自：乐迪）

③ 运行 Mission Planner。按图 6-23 所示的步骤，选择好波特率与端口后，单击"connect"，连接飞控，单击初始设置→必要硬件→遥控器校准，单击窗口右边的校准遥控按钮。

④ 单击校准遥控器后，会依次弹出两个提醒，分别是：确认遥控发射端已经打开并且接收机已经

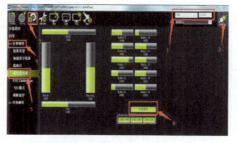

图 6-23　运行 Mission Planner

（图片源自：乐迪）

通电连接，确认电动机没有通电，如图 6-24a 所示；单击"OK"开始校准，拨动遥控开关,使每个通道的红色提示条移动到上下限的位置,如图 6-24b 所示。完成后，单击保存，校准结束，完成遥控器的校准，如图 6-25 所示。

a）提醒1

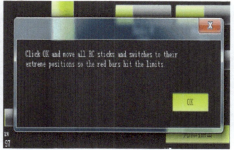

b）提醒2

图 6-24　依次弹出两个提醒

（图片源自：乐迪）

⑤ 如果拨动摇杆时上面的指示条没有变化，应检查接收机连接是否正确，同时检查每个通道是否对应发射机，并能引起下列控制发生变化。

通道 1：低 = roll（横滚）向左，高 = roll（横滚）向右。通道 2：低 =pitch（俯仰）向前，高 =pitch（俯仰）向后。

图 6-25　完成遥控器的校准

（图片源自：乐迪）

通道 3：低 = 油门减（关），高 = 油门加。通道 4：低 = yaw（方向或者偏航）向左，高 = yaw（方向或者偏航）向右。

13）罗盘校准——有两种方法，地面站校准、遥控器校准。

① 地面站校准罗盘——带罗盘 GPS（外置罗盘和内置罗盘）、不带 GPS。使用带有罗盘芯片的 GPS 时，指南针校准界面会出现，如图 6-26 所示；指南针 1 号（外置 GPS 的罗盘）添加了外部安装和方向选择框，指南针 2 号（飞控的内置罗盘和飞控的外置罗盘）；GPS 安装与飞控方向一致，如图 6-27 所示，不需要进行任何操作，默认为"None"，当 GPS 安装方向不一致时，需要选择对应的方向；安装方向选择完并固定好后，单击"开始"按钮，转动飞控与 GPS，如图 6-28 所示；GPS 未连接时的校准界面如图 6-29 所示。

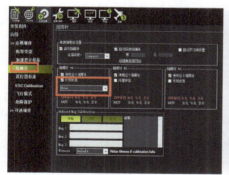

图 6-26　指南针校准界面　　　　图 6-27　GPS 安装与飞控方向一致

（图片源自：乐迪）

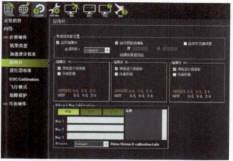

图 6-28　单击"开始"按钮　　　　图 6-29　GPS 未连接时的校准界面

（图片源自：乐迪）

　　界面上没有外部安装显示，这时指南针 1 号为飞控内部罗盘，直接单击"开始"按钮，开始转动校准，如图 6-30 所示。

　　在转动过程中，系统会不断记录罗盘传感器采集的数据，进度条右边的百分数会不断地发生变化，如果数据没有发生变化，需要检查罗盘是否已经正确连接或罗盘芯片硬件是否正常。

　　在进度条走到最右端后，系统会出现一个提示框，单击"OK"键后，给飞控重新通电，重启之后，完成罗盘校准，如图 6-31 所示。

　　注意：进度条完成 100 后又归 0 继续开始校准，说明此时校准动作错误或不规范，或者安装地点附近可能有干扰罗盘工作的因素，可以尝试继续转动多次，直到校准完成或设置"Fitness"选项"Relaxed"，如图 6-32 所示。

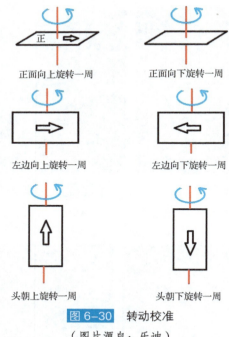

正面向上旋转一周　　　　　　正面向下旋转一周

左边向上旋转一周　　　　　　左边向下旋转一周

头朝上旋转一周　　　　　　　头朝下旋转一周

图 6-30　转动校准

（图片源自：乐迪）

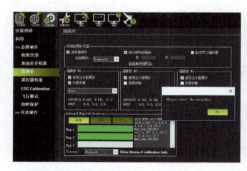

图 6-31　罗盘传感器采集数据进度

图 6-32　校准完成

（图片源自：乐迪）

② 遥控器校准罗盘。

用遥控器校准罗盘之前，需要先连接地面站，在"初始设置"菜单栏完成遥控器校准（如果之前进行过遥控器校准，则不需要重复此步骤）。连接遥控器时注意选择对应的固件版本，例如飞行器是固定翼时，需要选择固定翼的固件。遥控器菜单设置对应的机型，乐迪遥控器油门需要设置为反相。接收机需要设置为 SBUS 信号模式，即蓝灯模式。

通过遥控器校准罗盘，则不需要将 MiniPix 连接至地面站，直接用遥控器辅助 MiniPix 进行罗盘校准即可。

用遥控器校准罗盘，注意无人机上要安装蜂鸣器用来做校准提示。

遥控器开机，注意遥控器油门摇杆一定要放置在最低位置。

给 MiniPix 供电，等待飞控自检完成，自检过程的提示为：红色指示灯快闪→蜂鸣器"嘀嘀嘀"提示→红绿灯快闪→红绿蓝多色灯交替闪烁→红绿两灯快闪，提示飞控自检完成。

将遥控器油门向上打满，同时偏航 yaw（方向或者偏航）向右打满，保持这个动作 2s 以上，听到蜂鸣器嘀的一声，2~3s 后再"嘀嘀"两声，1s 之后听到蜂鸣器持续一秒一次的"嘀嘀嘀"提示音，表示遥控器校准罗盘模式启动。

按图 6-30 所示，旋转无人机。

当听到蜂鸣器发出"嘀嘀嘀"3 声提示音时，代表罗盘校准成功，重启飞控后，罗盘生效。

提醒注意：如果校准失败，蜂鸣器会发出"嘀嘀"2 声，然后继续保持一秒一次的"嘀嘀嘀"提示音，表示无人机自动重新启动校准，可以重复上图的校准手势，重新进行地磁校准；如果反复遥控器校准不成功或者在遥控器校准地磁的过程中，需要取消遥控器校准罗盘，可以通过保持油门向上打满，同时偏航 yaw 向左打满 2s 以上来取消；如果遥控器多次校准不成功，可以用遥控器取消罗盘校准，通过地面站来校准罗盘。

6.2.4　飞行模式配置

1）乐迪 AT9S 遥控器，飞控连接→接收机，遥控器与接收机对码之后，连接 MP 与飞控，随后单击初始设置→必要硬件→飞行模式选择，就会弹出飞行模式配置界面，如图 6-33 所示。

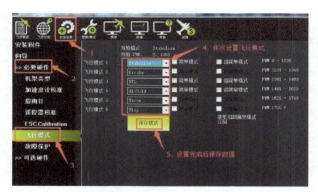

图 6-33　飞行模式配置界面

（图片源自：乐迪）

2）配置界面中，6 个飞行模式对应的 PWM 值，是否开启简单模式和超简单模式都一目了然，模式只需要在下拉框中选择即可。一般第一个设置为 stabilize（自稳模式），其他 5 个模式可根据自己的遥控习惯自行配置，但有一个原则，就是要保证你的模式切换开关随时能切换到 stabilize（自稳模式）上。

3）遥控器的设置。打开遥控器→按"Mode"键，进入高级菜单，按"Push"键，选择姿态选择，进入姿态设置界面，如图 6-34 所示。

在地面站的飞行模式设置界面，将飞行模式 1 设置为 stabilize（自稳模式），在遥控器中的姿态，选择界面将对应的飞行模式 1 也设置为自稳模式。

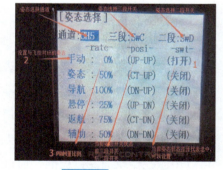

图 6-34　姿态设置

（图片源自：乐迪）

① 首先查看第一个姿态状态是否打开，拨动开关到对应的位置，呈现出的是打开状态。

② 拨动拨盘→姿态名称，按"Push"键选中后，选择自稳模式，查看 MP 飞行模式的当前 PWM 值，如图 6-35 所示。

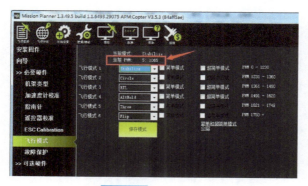

图 6-35　PWM 值

（图片源自：乐迪）

　　③设置遥控器 PWM 量比例：用拨盘选中 PWM 量比例选项，按"Push"键选中后，拨动调整数据大小，可以看到当前 PMW 值数据跟随变化，选中的模式也会变为深绿色，调整遥控器 PWM 量比例，让当前 PWM 值处于模式限定范围中间。

　　④模式 2、模式 3 采用同样的办法进行设置。

　　⑤模式 4 开始需要二段开关的配合，拨动开关→遥控对应的模式下，以与 3）同样的方式进行设置。

6.2.5　自动模式（Auto Mode）飞行简介

1. 自动模式飞行执行的任务

　　在自动（自主）模式中，飞行器将会按照任务脚本控制它的飞行动作，这需要预先编写任务脚本，并储存在自动驾驶仪上，包含自主导航航点、命令、事件，既可以是一组航点，也可以是非常复杂的飞行动作，如起飞、旋转次数、照相等，如图 6-36 所示。

2. 自动模式飞行依靠 GPS

　　任务脚本需要依靠 GPS 获得准确的位置信息，所以在飞行器解锁和起飞之前，必须让 GPS 先定位，飞行器上的 GPS 模块 TS100 绿灯闪烁，遥控器 AT95spro/AT95 的回传信息界面提示星数为 FIX，代表 GPS 定位成功。

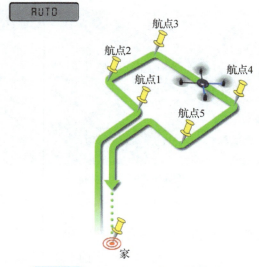

图 6-36   自动模式飞行执行的任务

（图片源自：乐迪）

3. 警告

在自动模式下，飞控（Mini Pix）主要使用测量空气压力的气压计决定其高度（压力高度），如果在飞行区域内，气压发生改变，飞行器也会随着气压变化而变化，而并不是按照真实的高度去改变高度（除非飞行器另外安装声呐，并启用声呐在距离地面 6m 以下范围内进行飞行）。

4. 使用自动模式的两种场景

1）在地面。在地面使用自动模式，飞行器必须加装防止飞行的特殊安全装置（防止不小心触碰到模式开关时，其飞行器立即起飞）直到解锁完成，然后将首次抬高油门和最近一次的定高油门值作为油门控制的基准，一旦飞行器起飞就会飞向第一个目标高度，然后再开始执行之后的任务脚本。

2）在空中。在空中，飞行器在飞行的时候切换到自动模式，飞行器前往第一个目标高度，然后再开始执行当前的任务脚本。

5. 结束任务

1）任务脚本完成之后，飞行器不会直接飞回家，它只会悬停在任务最后脚本所在位置，直到通过模式开关重新获得控制为止。

2）如果想要飞行器飞回家，可以添加一个 RTL Mode（返航模式）命令，结束当前的任务脚本。注意：返航模式依赖于 GPS，因此在使用这个模式之前，必须完成 GPS 定位。

3）记住。当使用 RTL Mode 命令时，飞行器将返回到家的位置（即 GPS 定位之后，飞行器解锁时的位置），选择希望飞行器返回的位置（必须是没有障碍物，并且远离人群的地点）来解锁非常重要。在默认情况下，在返航之前，飞行器会首先飞到至少 15m 的高度，或者比当前高度更高（超过 15m）的位置，然后保持当前高度，如图 6-37 所示。

4）警告。执行返航命令后，飞行器将回到家位置，也就是说飞行器会返回解锁时的位置。因此，家的位置应该始终是飞行器的 GPS 实际起飞位置，请起飞前一定确保起飞位置没有障碍物并且远离人群。

5）如果想执行手动降落，再锁定电动机（比预编程的自动降落命令更佳），必须切换到自稳模式后才能执行。不能在自动模式下实施手动降落，因为油门操作杆只能控制高度，并不能直接控制电动机。

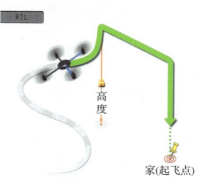

图 6-37　返航模式
（图片源自：乐迪）

6.3　自动航线规划

6.3.1　起始点定位

1. 打开地图

打开 Mission Planner 地面站，如图 6-38 所示，在顶端工具栏中单击"飞行计划"图标，切换到飞行计划界面。

注意：第一次使用 Mission Planner 地面站时，需要确保计算机始终处于联网状态，否则地图无法显示。

2. 找到自己的位置

在右侧栏将地图类型切换到谷歌中国地图。

图 6-38 Mission Planner 地面站

（图片源自：乐迪）

3. 设置起始点（HOME）位置

1）按住鼠标左键后拖动地图，将目标点的地方拖动到地图中心。地图的大小，既可以通过鼠标滑轮进行缩放，也可以通过改变右侧栏的刻度进行缩放，找到目标地后，将光标移动到目标点，单击右键。

2）在弹出的选项中选择"Set Home Here"，地图标记就会设定在对应的位置，便于后面切换地图类型，如图 6-39 所示。

3）生成 H 标记点，如图 6-40 所示。

图 6-39 选择"Set Home Here"　　　图 6-40 生成 H 标记点

（图片源自：乐迪）

4）此时即可将地图类型切换到卫星地图，如图 6-41 所示。

5）H 坐标点可以通过单击鼠标左键，拖动到需要的位置。示例为一片空地，如图 6-42 所示。

图 6-41　卫星地图

图 6-42　一片空地

（图片源自：乐迪）

6.3.2　任务规划

标记 A、B、C 三点航线，其操作步骤如下。

1）在地图上，单击第 1 个点，就会出现一个标记点，同时下方会显示出 1 号标记点的属性：执行的动作、GPS 坐标等，如图 6-43 所示。

2）接着标记航点：共设定了 4 个航点，其中 1、4 重合，形成了 1 个 3 点闭合航线，如图 6-44 所示。

图 6-43　标记第 1 个航点

图 6-44　3 点闭合航线

（图片源自：乐迪）

3）确定 GPS 坐标点，设置飞行高度。

①将高度设置为"Relative"（相对高度），即相对起飞点的高度。

②鼠标左键双击航点对应的 Alt，设置飞行高度，如图 6-45 所示。

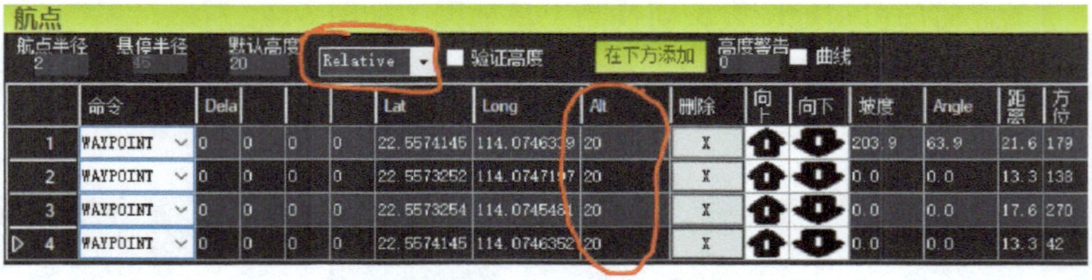

图 6-45　设置飞行高度

（图片源自：乐迪）

4）基本的航点指令。

① WAYPOINT（航点），飞行器会前往该点，到达该点后，会按照下一条命令执行。

② LAND（降落），飞行器会在到达航点后，自动降落，如图 6-46 所示。

图 6-46　设置自动降落

（图片源自：乐迪）

注意：若在操作中不小心点到了地图，错误地多添加了一些点，出现这种情况后不用着急，可以在指令中将这部分航点删除，如图 6-47 所示。

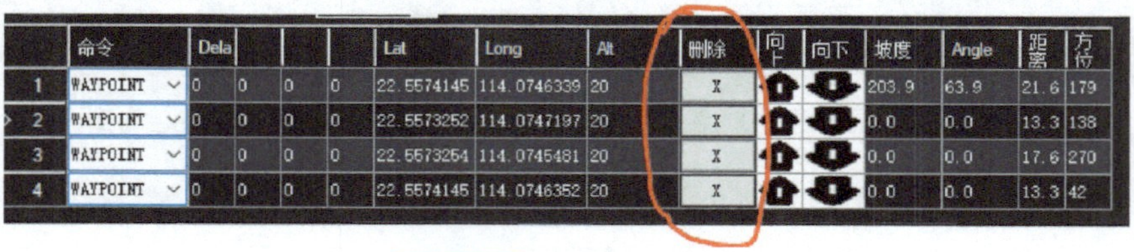

图 6-47　删除部分航点

（图片源自：乐迪）

6.3.3 写入航点

任务规划完成后，用 USB 连接飞控，连接成功后单击"写入航点"，如图 6-48 所示。

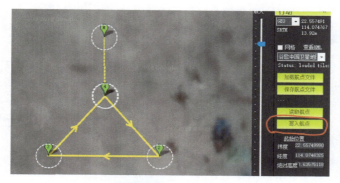

图 6-48 写入航点

（图片源自：乐迪）

航点写入完成后，通过读取航点，检查航点设定是否一致、正确。

6.3.4 执行航线

1）航点写入成功后，可以执行航线，此时需要把飞控切换到 AUTO 模式，如图 6-49 所示。

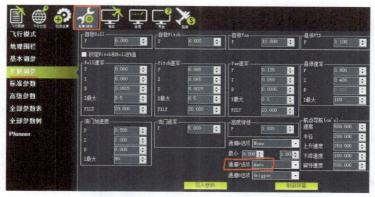

图 6-49 通道选项——AUTO 模式

（图片源自：乐迪）

2）在扩展调参界面，将通道 7 选项设置为 "AUTO"。

3）要将遥控器 7 通道，设置成开关，方便使用。

6.4　自动飞行（AUTO）训练

无人机（包括机架、飞控、GPS、电动机、电调及桨叶等）安装正确，完成固件导入、参数调试，能正常起飞。

乐迪的训狼 210 机型可以直接实现无人机自动巡航飞行训练，如图 6-50 所示。

自动巡航

图 6-50　无人机自动巡航飞行

（图片源自：乐迪）

自动飞行操作步骤如下：

1）在空旷地带，通电，等待飞控启动完成。

2）待 GPS 搜星，过程大概 1~2min，搜索完成后 GPS 会闪。

3）切换到定点模式，按下安全开关，遥控器左下解锁（如果解锁失败，说明星数、精度未达到要求，等待搜星）。

4）定点起飞后，即可拨下对应遥控器的通道开关，执行自动飞行（AUTO）模式。

📖 **小知识**　"两弹一星"功勋科学家　孙家栋

复 习 思 考 题

1. 空域是国家领空的一部分，具有_____属性。

2. 空域是_____、_____、保卫国家_____和国家安全的重要
   领域。

3. 空域分为三大类：_____航空、_____航空和_____航空。

4. 国际民航组织的标准，把空域管制区域分为_____类：
   _____。

5. 我国民用航空，把空域管制区域分为_____类：_____。

6. 我国民用无人机系统使用的空域分为_____、_____两类。

7. 融合空域是与其他_____同时运行的空域。

8. 隔离空域是专门分配给_____航空器运行的空域，并通过_____
   的进入，以规避碰撞风险。

9. 航路是国家统一划定的具有一定_____和_____的空中通道。

10. 航路分为_____和_____。

11. 航路_____规定：航路的_____、_____和航路_____。

12. _____在航路内飞行，必须实施空中交通管制。

13. 航空器飞行的路线称为_____线。

14. 航空器的航线确定了航空器飞行具体_____、_____和
    _____。

15. 在无人机飞行前，应进行_____规划。

扫码查看答案

第 7 章　无人机智能集群编程飞行技术简介

➡️ **知识目标**

1）熟知无人机编队。

2）熟知无人机智能集群常用软件和硬件。

3）熟知无人机智能集群应用。

➡️ **能力目标**

1）对无人机编队有比较全面的认知。

2）对无人机智能集群常用软件和硬件有一定的认知。

3）对无人机智能集群应用有比较全面的了解。

➡️ **素质目标**

1）与团队成员协作，开展无人机编队表演。

2）树立无人机安全作业岗位意识。

　　随着科学技术的进步，无人机编队表演越来越受到大众的欢迎和喜爱，正成为替代传统烟花的新型喜庆手段，世界各地许多重大节假日也开始使用无人机编队的表演方式来进行庆祝，如图 7-1~ 图 7-3 所示，这也让大众快速地认识了无人机编队。

图 7-1　浪漫长沙

图 7-2　美丽西安

图 7-3　韩国平昌冬奥会

（图片源自：中科浩电）

7.1 无人机编队

7.1.1 由来

无人机编队实际上就是无人机智能集群，而无人机智能集群的构思来源于自然界的生物集群：从成群结队迁移的角马、集体飞行的鸽子、成群结队巡游的鱼类到觅食的蚂蚁，从成群采蜜的蜜蜂到细菌等微生物，它们都具有一个共同的特点：单体都很弱小，也不具备智能思维，但却有着强大的群体协作能力，这种现象引起了全球相关研究者的关注和兴趣，引发了仿生学研究的高潮，催生了无人机智能集群技术，这是现代人工智能行业中最前沿的技术，也是未来无人机发展的趋势。

7.1.2 定义

在大数据、人工智能、数据链整合、云计算的基础上，同时发射 10 架以上的无人机，进行集群化指挥，自行进行精准编队、精确分工，执行多种任务、多目标的无人机智能集群，简称为无人机集群。

7.1.3 特征

1）网络化沟通——通过数据链来共享信息，建立一个庞大的数据链，实时共享各种信息，包括地形、风速、目标位置等参数，达到实时传递数据的效果。

2）自适应协同——集群成员之间做到共享信息：感知彼此方位，自动协调，互相之间不碰撞。

3）智能化倍增——利用无人机集群庞大的智能数据快速分析、处理能力，使整个系统能高效运转，实现自主判断、自主选择、自主执行。

7.1.4 应用领域

1）民用：飞行表演、快递物流、精准农业和应急救灾等。

2）军事：协同侦察、协同打击、电子协同干扰等。

7.2   无人机智能集群常用学习软件：Scratch 和 Python

7.2.1   Scratch 的两种模式

1）普通模式——既可以通过计算机对单架无人机进行编程，实现单架无人机飞行，也可以对多架无人机进行编程，实现编队飞行，如图7-4所示。

2）图形模式——软件内置图形模块，直接将内置的图形调用、变换，对整个图形进行飞行控制，快速实现编程、编队飞行。Scratch 的图形模式飞行前可以进行验证，如图7-5所示。

图 7-4   Scratch 的普通模式

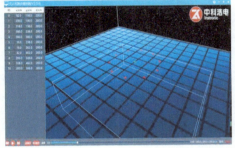

图 7-5   Scratch 的图形模式验证

（图片源自：中科浩电）

7.2.2   Python 编程语言

Python 是代表简单主义思想的编程语言，开放 API 接口，自由调用，编写、阅读 Python 程序就与书写、阅读英语一样，只是编写编程语言要求非常严格。学习 Python 编程语言的最大好处是专注于解决问题而不需要去搞明白语言本身，如图7-6所示。

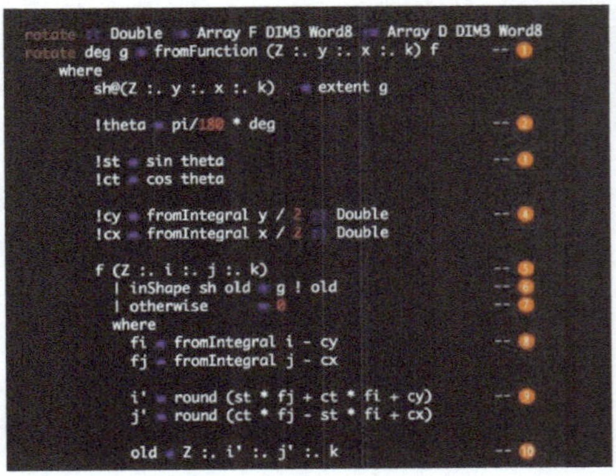

图 7-6   Python 编程语言

7.3　无人机智能集群硬件

1）室内智能集群飞行的无人机，如图 7-7 所示。

图 7-7　室内智能集群飞行的无人机

（图片源自：中科浩电）

2）室外智能集群飞行的无人机及相关设备。

① 室外智能集群飞行中的一架无人机，如图 7-8 所示。

② 室外智能集群飞行的地面通信端口，如图 7-9 所示。

图 7-8　室外的无人机　　　　图 7-9　地面通信端口

（图片源自：中科浩电）

③ 室外智能集群飞行 RTK 地面站，如图 7-10 所示。

④ 室外智能集群飞行地面 RTK 天线及延长杆，如图 7-11 所示。

图 7-10 RTK 地面站

图 7-11 地面 RTK 天线及延长杆

（图片源自：中科浩电）

⑤ RTK 地面站供电线及电池，如图 7-12 所示。

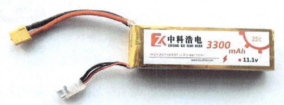

图 7-12 RTK 地面站供电线及电池

（图片源自：中科浩电）

⑥ RTK 地面站连接线，如图 7-13 所示。

⑦ 地面通信端连接网线，如图 7-14 所示。

⑧ 三脚架，如图 7-15 所示。

图 7-13 RTK 地面站
连接线

图 7-14 地面通信端连接网线

图 7-15 三脚架

（图片源自：中科浩电）

7.4 无人机智能集群应用

室内飞行表演

人与无人机
协同表演

7.4.1 室内

1）11 架无人机在室内进行飞行表演，如图 7-16 所示。

2）人与无人机协同表演，如图 7-17 所示。

图 7-16 室内飞行表演

图 7-17 人与无人机协同表演

（图片源自：中科浩电）

7.4.2 室外

100 架无人机在室外进行飞行表演，如图 7-18 所示。

无人机编队表演

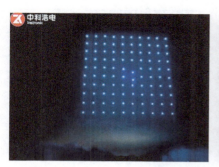

图 7-18 无人机编队表演

（图片源自：中科浩电）

📖 **小知识**　多元的陶瓷

复习思考题

1. 无人机编队实际上就是无人机_____。

2. 无人机智能集群的构思来源于自然界的_____。

3. 在_____、_____、_____、_____的基础上，同时发射_____架以上的无人机，进行集群化指挥，自行进行_____、_____，执行多种_____、多_____的无人机智能集群，简称为无人机集群。

4. 无人机智能集群的特征：_____、_____、_____。

5. 网络化沟通：通过_____来共享信息，建立一个庞大的_____，实时共享各种信息，包括_____、_____、_____等参数，达到实时传递数据的效果。

6. 自适应协同：集群成员之间做到共享信息：_____，_____，_____。

7. 智能化倍增：利用无人机集群庞大的智能数据_____、_____能力，使整个系统能高效运转，实现_____、_____、_____。

8. 无人机智能集群在民用方面能运用于：_____、_____、_____、_____等。

9. 无人机智能集群在军事方面能运用于：_____、_____、_____等。

扫码查看答案

第8章　无人机竞技

➡ **知识目标**

1）熟知无人机竞速。

2）熟知无人机空战、模拟器竞技、侦察竞技。

3）熟知无人机装配、调试竞技。

➡ **能力目标**

1）对无人机竞速有比较全面的认知。

2）对无人机空战、模拟器竞技、侦察竞技有比较全面的认知。

3）对无人机装配、调试竞技有比较全面的认知。

➡ **素质目标**

1）与团队协作，进行模拟器竞技。

2）树立无人机安全作业岗位意识。

8.1　竞速

8.1.1　无人机竞速赛的发展

2014 年，在法国东部的森林中进行了带有"星球大战"风格的无人机比赛。同年，美国加利福尼亚州的 FPV Explorers & Racers 团队和澳大利亚的无人机爱好者们聚集在空旷的厂房、停车场内进行了首场室内竞赛。

2015 年，美国航模协会举办了首届 Santa Cruz FPV 无人机比赛；Rotor Sports 组织了首届全美无人机锦标赛，让无人机室内竞赛变成了室外竞赛，也让无人机比赛从美国迅速走向了全世界。

2016 年 3 月，迪拜全球无人机大奖赛吸引了全球 150 位参赛者前往迪拜参赛。比赛需要完成 12 圈的飞行，最终的冠军是来自英格兰的 15 岁的小伙子 Luke Bannister。此次竞赛的特制及变化的赛道如图 8-1 所示。

图 8-1　特制及变化的赛道

2016 年，美国无人机竞速联盟 DRL（Drone Racing League）举办了穿越机世界锦标赛，首次将配上霓虹灯的赛道作为无人机竞赛的赛道，如图 8-2 所示。

图 8-2　霓虹灯无人机竞赛的赛道

（图片源自：庞思鸣）

FPV 无人机竞速赛可以媲美地面的世界一级方程式锦标赛。

无人机竞速赛得到了国际航空联合会 FAI 的认可，2018 年，深圳举办了首届世界无人机锦标赛。

8.1.2　我国无人机竞速赛的实施

1. DCL 中国选拔赛

DCL 外卡赛视频

DCL 无人机冠军联盟从 2016 年开始，实施欧洲无人机竞速联赛制，已与全球 34 家电视台达成合作，在 76 个国家播出赛事，覆盖人群达 4 亿。

2018 年 6 月，广州举行了 DCL 中国选拔赛，前 10 名无人机驾驶员均获得 DCL 外卡队队员资格，参加 2018 年 8 月在北京举行的 DCL 中国站比赛。

2018 年 8 月，北京长城 DCL 中国站第一个比赛日，中国独角兽队获得了第三名，创造了 DCL 联赛开办以来，外卡队取得的最好成绩。

2. 2018 世界无人机锦标赛中国队选拔赛

2018 年 8 月 24~26 日，我国在张家口举行了 2018 世界无人机锦标赛中国队选拔赛。

3. 参加 2018 年首届世界无人机锦标赛

2018 年 11 月 1~4 日，中国无人机国家队在深圳参加了首届世界无人机锦标赛。

4. 2019 年无人机项目中国队选拔赛（图 8-3）

图 8-3　2019 年无人机项目中国队选拔赛

5. 电子竞技

AESF e-Masters 亚洲电子竞技大师杯·中国赛是第 1 个由电子体育亚洲官方机构在我国组织的顶级综合性电子竞技赛事，于 2020 年在成都举办，全亚洲有 45 个国家及地区参与，覆盖受众达 10 亿。

1）无人机第 1 次作为国际顶级电子智能体育表演项目——空中竞技运动（DRE）进入 AESF e-Masters 亚洲电子竞技大师杯比赛。

2）中国、韩国、日本、泰国及东南亚等国家和地区的 16 名顶尖选手进行对抗、个人竞速等比赛项目，采用积分排名模式，决定最后名次。

3）比赛项目有：低空竞速赛、高空竞速赛、花式竞速赛、花式表演。

8.2 空战

8.2.1 无人机碰撞对抗赛

2016年，荷兰举办了第一届无人机空中碰撞对抗赛，2019年3月在荷兰卡特韦克举办了第二届无人机空中碰撞对抗赛。

8.2.2 比赛规则

参赛的无人机必须采用各种办法，攻击和毁坏对方参赛的无人机，直到胜利。

8.3 无人机装配、调试竞技

2019年8月，在俄罗斯喀山举行第45届世界技能大赛的同时，俄罗斯举办了未来技能竞赛（图8-4），无人机装配、调试项目进入了未来技能竞赛。未来技能竞赛分组，如图8-5所示。

少年组赛项　　　　　　　　　　成人组赛项

图8-4　未来技能竞赛　　　图8-5　未来技能竞赛分组

无人机应用技能大赛进入了2019一带一路暨金砖国家技能发展与技术创新大赛，如图8-6所示。

2019 一带一路暨金砖国家技能发展

与技术创新大赛

【无人机应用技能大赛】

图 8-6　2019 一带一路暨金砖国家技能发展与技术创新大赛

8.4　模拟器竞技

8.4.1　兴起

从 2017 年起，美国最大的无人机俱乐部 DRL，首次在美国举办了穿越机模拟飞行竞赛，到 2019 年已经连续举办三届。

2019 年初，欧洲最大的无人机俱乐部 DCL，首次在欧洲举办了穿越机模拟飞行竞赛。

8.4.2　竞赛方式

1）采用互联网方式参赛。

2）选手可以自由选择穿越机的配置和竞赛场景。

3）不受现实环境中场地、地域、天气的限制。

互联网方式的穿越机模拟飞行比赛正在全球迅速得到普及。

8.5　侦察竞技

穿越机进入室内进行侦察如图 8-7 所示。

无人机侦察

图 8-7　室内侦察

8.6　无人机足球

8.6.1　兴起

无人机足球（图 8-8）起源于韩国，是无人机团队协作的运动，它在无人机足球竞赛场地（图 8-9），使用覆盖有球型塑料外壳的无人机足球进行 5 对 5 对攻性的竞赛，进攻方需要通过将无人机足球射进对方的空中环形球门，最终以攻入对方球门的球数多少，决定双方无人机足球比赛的胜负。

图 8-8　无人机足球

（图片源自：创世泰克）

图 8-9　无人机足球竞赛场地

（图片源自：百度图片）

8.6.2　项目

无人机足球运动作为中国全民体育类比赛项目，首次正式列入中华人民共和国第十五届群众运动会（简称：全运会）。

8.6.3　竞赛

　　无人机足球是一项新概念的无人机足球竞技竞赛，国际无人机足球联合会（FIDA）组织已经决定，将于 2025 年在韩国举办首届世界级无人机足球竞赛。

8.6.4　结构与过程

　　1）无人机足球的结构：4 轴无人机 + 球型外壳。

　　2）无人机足球通过无人机足球比赛场外的无人机操作选手操控无人机遥控器（图 8-10），控制无人机足球的运动轨迹（图 8-11），让无人机足球射向对方的空中球门（图 8-12）。

无人机足球

图 8-10　遥控器发射信号

图 8-11　控制无人机足球的运动轨迹

图 8-12　射球

 小知识　拨通移动时代的"大哥大"

第9章 无人机竞赛规则与标准

➡️ **知识目标**

　　1）熟知中国无人机公开比赛及各种无人机比赛规则。

　　2）熟知无人机比赛赛道。

➡️ **能力目标**

　　1）对中国无人机公开比赛及各种无人机比赛规则有比较全面的认知。

　　2）对无人机比赛赛道有比较全面的了解。

➡️ **素质目标**

　　1）与团队协作，了解无人机竞赛规则与标准。

　　2）树立无人机安全作业岗位意识。

9.1 2017 年中国无人机公开赛 CDR 竞赛规则

9.1.1 国内竞速赛

1. 项目简介

　　驾驶员通过佩戴的眼镜或显示屏采用第一视角飞行，使用无线电遥控设备操纵飞行器，按规定路线顺序穿越赛道障碍，进行竞技比赛。

2. 技术要求

　　（1）无人机

　　1）机型：以电力（池）为动力，旋翼的轴数不少于 3 个。

　　2）重量：起飞重量不超过 1500g。

3）电池：电压不超过 17V，总电量不超过 30W·h。

4）轴距与尺寸：轴距为 220~440mm，螺旋桨直径不超过 15.24cm（6in），总高度（包括天线）不超过 180mm。

5）指示灯：无人机尾部应安装长度不小于 10cm，亮度须保障在白天阳光下能辨识颜色，4 色可调节的 LED 指示灯。LED 指示灯应常亮不得闪烁，具体颜色定义如图 9-1 所示。

6）辅助处理器：无限制，飞控及遥控器上不得配置具有记录并回放摇杆操控动作功能的设备。

7）安全装置：无人机必须设定一个锁定方式，使其不会因为任意干扰或意外操作而起动。解锁设定可由发射机上的特定开关或操作杆的序列动作来执行，如将操作杆向一侧扳到底。

| 红 | 黄 | 绿 | 蓝 |

图 9-1　指示灯颜色

（2）遥控器　遥控频段：2.4GHz 或 845MHz，跳频。

（3）图像传输设备

1）分站赛。　比赛须使用 Immersion RC 图传设备，请参赛选手自行准备；比赛现场设置相关图传设备展台，可提供租赁或购买服务。

① 模拟发射机：5.8GHz 频段。为迅速配置管理所有参赛选手频率，比赛将使用 NFC 配置参赛选手频点。配置设备如图 9-2 所示。

图 9-2　配置设备

② 无人机须安装能执行 NFC 配置的图传模块：图传模块需具备比赛模式（重启后功率降为 1mW，等待 NFC 配置频点及功率），如图 9-3 所示。

③ 模拟接收机：赛事组委会统一发放图像接收机并提供 RCA 接口或 3.5mm 接口形式的模拟视频信号。

④ 数字发射机：非 5.8GHz 频段，不干扰 5.8GHz 的模拟图传，具体编码形式不限，参赛选手须自行准备对应的数字接收设备。

⑤ 显示器：可为带模拟输入的头显或显示器，或集合模拟和数字接收机的头显或显示器，品牌型号不限。

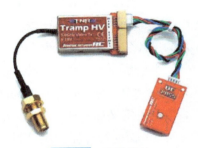

图 9-3　图传模块

2）总决赛　赛事组委会统一发放图像发射机及接收机。

① 发射机：统一使用 CONNEX 数字高清图传设备，比赛使用频点见赛事通知。

② 接收机：统一使用 CONNEX 数字高清图传设备。

③ 显示器：可为带 720P HDMI 输入的头显或显示器，品牌型号不限。

（4）图像记录设备　除"分站赛"的资格赛以外，其他每场比赛无人机须安装类似于 Gopro 的视频记录设备，并在每场比赛结束后将存储卡中的视频内容复制给工作人员。

（5）计时系统　赛事组委会统一发放计时系统标签。

1）主计时系统：红外系统或射频识别（RFID）系统。

2）备选计时系统：依赖多图传通道切换计时的计时系统。

3. 竞赛规定

1）比赛采用第一视角飞行，每支参赛队每轮比赛上场的队员不超过 2 人，可以是驾驶员一人或与机械师、助手等组队。

2）比赛中驾驶员负责操纵飞行器，机械师或助手负责设备的安装、调试及电池的更换。

3）比赛前赛事组委会须对参赛设备（包括飞行器、遥控器等）进行检验，合格后发放计时系统标签与点名设备。

4）计时系统标签应安装在无人机底部，该标签无须外接电源或添加其他装置。

5）安装完成后，须将参赛设备交由赛事组委会统一保管。每轮比赛开始前，工作人员会将参赛设备交给相应参赛队。每轮比赛结束后，各参赛队应将参赛设备断电，交给组委会。当日比赛结束后，组委会统一返还所有参赛设备。

6）每支参赛队可以有多套符合赛事规定的备用参赛设备（不需要交由竞赛组工作人员保管），如需要更换，应在该轮比赛结束后向裁判提出申请。

7）比赛前 20min 进行三次检录，参赛选手应按照竞赛日程安排，准时到达检录地点，有序检录。经裁判检录三次不到者，视为自愿放弃比赛。

8）检录后进行入场点名，听从裁判指令统一入场。

9）比赛中，每个号位设有一名裁判，负责判断并告知该号位的选手是否按规则完成比赛或犯规等。

10）比赛禁止使用金属螺旋桨。

11）比赛所用设备均由各参赛队自行准备，并对设备的安全性负责。

4. 竞赛方法

1）每轮比赛开始前有 5min 准备时间，该时间内参赛选手入场并调试设备，准备时间过后，无人机应停放在"起降区"（起飞与降落区域）等候起飞。

若在规定时间内未完成设备调试，导致不能进行本轮比赛，该选手须放弃本轮比赛，届时可向裁判申请补赛。每名选手有一次机会申请补赛。连续两次在规定时间内未能完成设备调试的将被取消比赛资格。

2）当比赛信号灯由红变绿（发令声音响起）时，比赛正式开始。若无人机在比赛信号灯由红转绿前离开地面，将被视为抢跑，届时本组所有无人机器需返回"起降区"重新开始本轮比赛。连续两次抢跑将被取消比赛资格。

3）比赛中，驾驶员应操纵无人机按规定路线与圈数顺序穿越赛道障碍，如因失误漏过，应重新返回穿越障碍。若未能按规定路线顺序穿越赛道障碍，本轮比赛成绩无效。

4）完成本轮比赛后使无人机着陆在"起降区"。若完成本轮比赛后未能在 1min 内使无人机着陆在"起降区"，本轮比赛成绩无效。

5）比赛飞行中，若无人机触地时间不超过 5s 复飞（含无人机坠地复飞），可以继续比赛。若无人机触地时间超过 5s 或坠机造成不能继续飞行，本轮比赛成绩无效。

6）每轮比赛中各参赛队应在"维修站"给无人机更换至少一次电池，更换的时间点自行决定。

5. 竞赛赛制

分站赛：资格赛、预赛。

总决赛：预赛、半决赛、总决赛。

取单站分站赛积分进行总排名，前 32 名晋级总决赛。单站分站赛排名与积分对应关系见表 9-1。

表 9-1　单站分站赛排名与积分对应关系

排名	积分	排名	积分	排名	积分	排名	积分	排名	积分
1	30	9	14	17	7.2	25	3.8	33	1.8
2	27	10	13	18	6.7	26	3.5	34	1.6
3	24	11	12	19	6.2	27	3.1	35	1.5
4	22	12	11	20	5.7	28	2.8	36	1.4
5	20	13	10	21	5.2	29	2.6	37	1.3
6	18.5	14	9.3	22	4.7	30	2.4	38	1.2
7	17	15	8.3	23	4.4	31	2.2	39	1.1
8	15.5	16	7.9	24	4.1	32	2	40	1

（1）分站赛

1）资格赛。所有参赛选手按照随机顺序进行分组，每组 4 人，以组为单位进行比赛。

每场比赛一轮，每轮飞行 3 圈，同一组选手同时出发，记录最快单圈速度，前 32 名晋级预赛。

2）预赛。晋级预赛的 32 名选手，根据资格赛成绩分为 8 组，每组 4 人，以组为单位进行比赛。

每场比赛两轮，每轮飞行 4 圈，同一组选手同时出发，取其中一轮最好成绩排定名次。各组第一名决出前六名与冠亚季军。

注意：若比赛成绩出现相同，比较另一轮成绩，若再相同，则进行加赛。

（2）总决赛

1）预赛。晋级总决赛的 32 名选手，根据积分分为 8 组，每组 4 人，以组为单位进行比赛。

每场比赛一轮，每轮飞行 4 圈，同一组选手同时出发，记录每轮总时间，各组前两名晋级半决赛。

2）半决赛。晋级半决赛的 16 名选手，根据预赛成绩分为 4 组，每组 4 人，以组为单位进行比赛。

每场比赛两轮，每轮飞行 4 圈，同一组选手同时出发，记录每轮比赛总时间，取其中一轮最好成绩排定名次，各组前两名晋级总决赛。

3）总决赛。晋级总决赛的 8 名选手，比赛一轮飞行 7 圈，同一组选手同时出发，决出前六名与冠亚季军。

注意：若比赛成绩出现相同，比较另一轮成绩，若再相同，则进行加赛。

6. 取消竞赛资格

有下列情况之一且情节严重者取消竞赛资格：

1）驾驶员不能保证无人机安全飞行，对比赛现场的其他人造成影响或危害。

2）经裁判检录三次未到场。

3）连续两次抢跑行为。

4）裁判组界定为蓄意偏离比赛赛道。

5）连续两轮比赛无法在赛前准备时间内完成设备调试。

6）擅自起动无线电遥控或图传设备。

7）有作弊行为。

8）故意影响、干扰或阻止比赛。

9）在赛前、赛中或赛后，做出任何故意干扰、胁迫裁判或其他运动员、参赛队的行为。

10）违反体育道德。

11）其他严重违规行为。

9.1.2　国际交流赛

1）规则同竞速赛总决赛。

2）入围方式：北京总决赛前七名选手。

9.2　2018 世界无人机锦标赛中国队选拔赛

2018 世界无人机锦标赛中国队选拔赛是为由国际航联官方认证的最权威、最专业、最高级别的首届世界竞速无人机锦标赛选拔中国国家队队员的大型赛事。

此次中国队选拔赛由政府主导、行业组织、社会参与，秉承"创新、协调、绿色、共享"的可持续发展理念，通过为期 3 天的赛程，遴选出首支代表中国参加无人机世界锦标赛的国家队队员。

2018 年世界无人机锦标赛中国队选拔赛竞赛规则源于 F3U（RC 多轴飞行器 FPV 比赛）级竞赛规则。这些竞赛规则适用于世界无人机锦标赛各项赛事。

比赛时间：2018 年 8 月 22 日至 2018 年 8 月 26 日

比赛场地：河北省张家口市崇礼区红花梁万龙滑雪场

知识链接

1. F3U 级规则是 FAI 竞赛准则第 F3 册无线电控无人机比赛（2017 年版，生效日期 2017 年 3 月 15 日）第 4 节航模的组成部分。

2. 多轴飞行器 FPV（第一人称视角）比赛是指若干个多轴飞行器航模在封闭赛道中竞赛的赛事。

3. 多轴飞行器是指配备有至少三台传动螺旋桨装置的无线电控制螺旋航模。

4. 航模由 FPV 飞行员操作。作为参赛选手，FPV 飞行员穿戴配备屏幕的眼镜，机载摄像机的视频图像将实时传递到参赛选手佩戴的眼镜上，参赛选手依据视频图像驾驶航模。

5. 在整个飞行期间，只允许一名飞行员助手在一旁协助 FPV 飞行员。飞行员助手的主要任务是确保航模在可见视线范围内飞行。除此之外，飞行员助手必须通知参赛选手可能影响其驾驶的任何情况，特别是影响安全的情况。如果飞行员助手要求参赛选手着陆或关闭发动机，参赛选手必须立即着陆或关闭发动机。紧急情况下飞行员助手有权关闭发射器，以触发安全保障装置。

竞赛详细规则

第一部分

1 参赛人员

1.1 参赛人员应为中华人民共和国公民，不分性别，未满 18 岁人员须有监护人陪同。

1.2 每位选手都应持有中国航空运动协会个人会员证（可于现场办理）。

1.3 选手均应办理不低于 10 万元的个人意外保险（可于现场办理）。

2 竞赛方式

多旋翼飞行器第一人称视角竞速赛，所有参赛选手均须佩戴 FPV 视频设备以观看飞行器上摄像头拍摄的画面，通过无线电遥控器操控多旋翼飞行器穿越规定路线的障碍赛道，进行竞速比赛。

2.1 赛事采用第一人称视角飞行，所有选手依规定必须通过规定的指定障碍物，若未通过将予以取消该轮成绩的处罚。

2.2 竞赛时程依据赛事方公告进行，主办方保有更改赛事细节的权益（资格赛轮次、淘汰赛进行方式）。

2.3 每轮赛事进行前，飞行器都必须进行规格检录。未进行检录者或检录不合格者不得参与该轮比赛。

2.4 每位选手上场时只能携带一名助手，帮助放置飞行器或排除故障，在比赛中向选手说明飞行情况。

2.5 飞行完指定圈数后必须立刻降落于指定降落区，否则将在该轮比赛成绩的基础上进行加时。

2.6 所有选手对自己的飞行器应负完全的安全责任。

2.7 赛手于每日报到后应将飞行器交给赛事主办方进行保管和检录，后会在飞行器上贴识别物，凭选手证领取，每人至多上交三部飞行器，当日赛后将统一归还所有保管的设备。

2.8 每一轮次间将开放维修飞行器，非开放时间禁止将飞行器擅自通电，违规者取消比赛资格。

2.9 若现场出现任何争议，以总裁判最终判决为准。

2.10 根据国际航联无人机竞速项目规程规定，每个国家可报不超过 5 名运动员，在报满 5 人的情况下，应至少有一名 18 岁以下青少年运动员和

1 名女性运动员。中国作为东道主可另报 3 名运动员持外卡参赛，所获名次不计入国家团体。

2.11   根据以上竞赛规程，此次中国代表队选拔办法如下：

2.11.1   总排名前 3 名入选，第 4~6 名获得外卡，第 7 名备选。

2.11.2   青少年排名第 1 名入选，第 2 名备选。

2.11.3   女性排名第 1 名入选，第 2 名备选。

当入选运动员因为其他原因无法参加比赛时，由备选运动员替补。

本选拔办法解释权归中国航空运动协会所有。

3   参赛设备规定

3.1   机身重量

机身重量包括飞行器本体、锂电池、螺旋桨叶、赛事额外规定加装设备的重量，所有东西重量总和不得超过 1000g。

3.2   机身大小

3.2.1   长度不得大于 280mm 且不得小于 180mm（测量方式为对角线两个电动机的直线测量距离）。

3.2.2   形状不限（正 X、Stretch、长 X、扁 H）。

3.2.3   机身需能固定高清摄像头或数字图传系统。

3.3   镜头

需使用 PAL 制式镜头，并且带有 OSD 功能，赛时能够将英文名或称号标识在图传画面上，以方便转播识别。所有赛手依规定都必须设定带有名字的 OSD 画面，于第一天报到检录时一并检查。

3.4   电动机

3.4.1   需使用无刷电动机，尺寸和 kV 值不限。

3.4.2   电动机安装最大倾角为 15°（测量方式为锁桨平面和飞控所在平面之间的角度），并且在竞速过程中不得改变角度。

3.4.3   电动机至少为三个。

3.5   电池

3.5.1   所有飞行器均须使用锂电池，且电池节数不能超过 4 节。

3.5.2   电池总电压不得超过 16.9V，单节电压不得超过 4.25V。

3.5.3   电池总重量不得超过 230g（包含平衡头、电线）。

3.5.4   电池接头必须能够快速插拔，并且带有 4S 平衡头以方便赛事方进行电压检查。

3.5.5 现场充电设备有限，请赛手自行准备当天足够使用的电池，赛事方不保证供应插头和充电设备。

3.6 飞行控制板

3.6.1 允许使用各种飞控装置（CF、BF、RF、KISS 等）。

3.6.2 飞行器仅允许使用手动操控，不得有任何气压计、GPS 等辅助操控设备。

3.6.3 不允许使用飞控的炸机救援模式（TurleMode）。

3.7 螺旋桨

3.7.1 不得使用金属材质的螺旋桨。

3.7.2 桨叶长度不得大于 6in。

3.8 无线电遥控设备

3.8.1 无线电遥控设备频率及发射功率必须在中华人民共和国许可的频道范围内，可以采用各种 2.4GHz 扩展频谱技术无线电遥控设备。若频段符合法律要求，参赛选手也可使用 868MHz/915MHz 的其他遥控设备。若使用此类设备，赛前须获得主办单位批准。

3.8.2 所有遥控设备上必须设定有 Failsafe 模式（飞行器失去信号时需要能够在短时间内停止动力输出），若不符合此规定，一律取消资格。

3.9 5.8GHz 图传系统

3.9.1 赛事统一使用 TBS Unify_Pro 图传系统，赛手须自行准备符合规定的设备，或是于赛事现场购买、租赁，若使用不符合规定的设备，主办方有权取消参赛资格。

3.9.2 功率一律设定为 25mW，赛前会先行统一检录，并使用 Raceband 1、3、6、8 频点。

3.9.3 现场将配有外置接收器（3.5mm 音讯线接头输出），供选手和裁判使用同一信号源观看屏幕，以维护赛事公正性。若使用自己的接收器造成图传画面受影响，赛事方概不负责，以裁判接收器屏幕为准。

3.9.4 使用图传天线以右旋为主，若因使用不合格天线造成影响，赛事方概不负责。为确保收讯画面稳定，禁止使用棒状天线。

3.10 机身 LED 照明装置

3.10.1 比赛期间为了向大众提供飞行器最佳识别度并协助裁判完成判

决工作，各飞行器应配备能改变颜色的 LED 照明装置，配置的 LED 灯应在各个角度都能识别。

3.10.2 每台参赛飞行器均须配置至少 36 颗 LED 灯。

3.10.3 LED 灯颜色必须能够快速调节，于检录时一并检验。

3.10.4 指定颜色：蓝色、绿色、红色、黄色。

3.10.5 将根据抽签分组的顺序决定使用的颜色，且颜色应能自由调节。

3.10.6 如有需要，参赛者可向赛事组织者购买或租赁 LED 灯。

3.10.7 飞行器应于四支机臂上下两面各装设 4 颗 LED 灯（共 32 颗），并于机身本体安装 4 颗 LED 灯。

3.11 高清摄像头或数字图传系统

3.11.1 进入淘汰赛时每位选手的飞行器应安装类似于 Gorpo Session 摄像头的设备（影片分辨率至少为 1080P），并依裁判组规定安装储存卡，于当轮赛后上交。

3.11.2 摄像头角度应与机身镜头角度一致。

3.11.3 必须安装于机身上方。

4 赛前检录规定

4.1 飞行器须于每轮竞赛开始时，于赛前检录区进行检录，不符合规定者，若在时限内无法改善，将被直接取消当轮竞赛资格。

4.2 检录完成后进入比赛准备区的设备不允许随便更换，违规者将被直接取消当轮竞赛资格。

4.3 检录的飞行器应符合赛事规定，若于该轮比赛前仍未能更换符合规定的设备，将被取消该轮竞赛资格。

4.4 于报到时应一并提交设备规格，以便赛事确认是否符合比赛规定。

4.5 预估整机重量（包括机架、电动机、飞控系统、桨叶、FPV 摄像头、图传系统、图传天线、电池）。

4.6 裁判组有权力在任何时刻重新对任一选手的设备进行复查，如发现违规者，将依规定进行相应惩罚。

4.7 非检录时间和申请维修时间，一概不得擅自拿取保管处的个人飞行器。

5　赛事流程

赛事将分为三个阶段：资格赛→淘汰赛→决赛

所有赛事流程为：赛事在当组进行比赛时，裁判宣布下一组（预备组）选手进行准备，选手此时到准备区拿取自己的飞行器，随后到检录区报到检录设备，若合乎赛事规格，则到准备区进行准备。若预备组呼叫选手姓名 2min 后仍未到准备区完成报到，则取消该轮比赛资格。

到预备组进行比赛时，所有选手应于 5min 内将飞行器置于起飞平台上，并且在选手区准备完毕　若超过时间仍未完成，则取消该轮比赛资格。

5.1　资格赛进行办法

5.1.1　资格赛为每一轮共 4 名选手同时参赛。

5.1.2　资格赛为随机分组，预先通知选手。

5.1.3　计时成绩方式为定时器倒数读秒完毕后起飞，若定时器倒数完后 5s 后仍在起飞台上未起飞，则取消该轮比赛资格。飞行器通过计时门后才开始记录计时成绩，飞行总圈数为两圈，记录两圈总成绩作为资格赛成绩排名。

5.1.4　资格赛预定进行两轮，视现场状况增减，以裁判组宣布为准。

5.1.5　若总完赛人数未达 32 名，则优先选取完赛人员后再依据单圈成绩依序递补。

5.1.6　依据世界锦标赛赛制规定，代表队须有青少年组（18 岁以下）和女性选手组。根据此项要求，若 32 强中无足够的青少年和女性选手，则根据资格赛计时成绩直接候选出足够的选手，而已进入 32 强的青少年和女性选手，依据 32 强最终名次筛选进入培训队。

5.2　淘汰赛进行办法

淘汰赛为资格赛中选出成绩前 32 名的选手，每 4 名分为 1 组，共 8 组，分别进行两轮积分制比赛，然后每组选出积分总分前两名的选手进入 16 强分组比赛。

各组后两名选手则依据资格赛成绩排名为 17 名至 32 名。

16 强比赛也为每组 4 名选手，共分为 4 组，每组分别进行两轮比赛，各组取积分总和高的两名选手进入 8 强决赛。

剩余 8 名选手分为两组进行单轮计时赛，依据计时赛成绩决定名次，未完赛的选手则依据资格赛成绩排序在完赛人员之后。此 8 名选手分别为 9、

10、11、12、13、14、15、16 名。

5.2.1 淘汰赛分组方式为：1、9、17、25 名一组，2、10、18、26 名一组，3、11、19、27 名一组，以此类推排位赛排名顺序，依序分为 8 组，详细分组树形图于淘汰赛当天公布。

5.2.2 淘汰赛为各组直接进行两轮赛事，中间给予 5min 时间进行设备维修和更换电池，超过时间仍未准备好者将被取消该轮比赛资格。

5.2.3 淘汰赛起跑方式为定时器鸣响开始信号后，所有选手均须立即使自己的飞行器起飞并开始计时，以最早飞行完成两圈回到终点门的选手为第 1 名，其后依序排名。

5.2.4 淘汰赛获得第一名的得 5 分，第二名 3 分，第三名 1 分，第四名 0 分，未完赛的选手 0 分。若两轮比赛存在积分相同的选手，则取该两轮比赛中单圈成绩较快者胜出。

5.2.5 若 4 名选手于同一轮中皆未完成赛事，则该轮比赛重新进行。若该组中比完两轮赛事仍有 3 位选手 0 分，则该 3 位选手再进行一轮比赛，直至有人完赛获得积分为止。

5.2.6 进入淘汰赛后，依规定所有选手均应配挂高清摄影机（分辨率至少 1920dpi×1080dpi），并于每组比赛完成后提交储存卡给裁判组。

5.3 8 强决赛进行办法

8 强赛事分为两组进行，每组 4 人，分别进行两轮比赛，取总和积分高者进入四强比赛，后 4 名选手分为一组进行两轮比赛，依积分总和高低分为 5、6、7、8 名。

4 强赛事共进行三轮比赛，依据积分总和高低区分出冠军、亚军、季军。

5.3.1 决赛进行办法为定时器指示比赛开始后，所有选手应立即使自己的飞行器起飞并开始计时，依据完成两圈的先后顺序排名为：1、2、3、4 名。

5.3.2 积分的获得，第一名得 5 分，第二名得 3 分，第三名得 1 分，第四名得 0 分，未完赛者得 0 分。若积分相同，则依据该轮单圈成绩决定排名。

5.3.3 赛事为各组间各轮连续进行，中间给予选手 5min 更换设备的时间，若超时仍未完成准备，则取消该轮比赛资格。

5.3.4 若该轮比赛中 4 名选手皆未完赛，则该轮比赛重新进行一次。若最后总分存在 3 人同为 0 分的情况，视为积分相同，依据资格赛成绩进行先后排名。

6　赛事相关仲裁和罚则

有下列情况或情节严重者取消竞赛资格：

6.1　飞行员不能保证飞行器安全飞行，对比赛现场其他人造成影响或危害。

6.2　裁判组界定为故意偏离比赛赛道或严重危险飞行者。

6.3　擅自于休息区启动模拟信号图传干扰比赛者。

6.4　不听从裁判组或恶意影响、干扰和阻止比赛。

6.5　违反体育道德。

6.6　其他严重违规行为。

7　竞赛处罚规则

7.1　比赛开始号令发出时比赛正式开始，若飞行器在号令发出前提前离开起飞台，则视为该轮抢跑（飞），抢跑者将加时 60s 至该轮比赛成绩。若抢跑（飞）情节严重，则取消该轮比赛成绩。

7.2　若超过比赛开始时间 2min 飞行器仍未处于准备状态，则该选手将被取消当轮比赛资格。

7.3　完成本轮比赛后将飞行器降落到指定区域，若完成本轮比赛后未能于 15s 内将飞行器降落到指定区域，则本轮比赛成绩加时 30s。

7.4　比赛过程中，若飞行器触地时间不超过 10s 复飞（包含飞行器坠地复飞），可以继续比赛。

7.5　比赛过程中，飞行器应按照路线顺序穿越赛道的障碍物，若因失误未能穿越障碍物，应重新返回补穿障碍物。裁判无义务提醒选手未穿越指定障碍物。若未能按规定路线顺序穿越赛道障碍物，则将被取消该次比赛成绩。

7.6　比赛过程中，若飞行器超出赛道的指定范围（包含坠机区域），将被取消本轮比赛成绩。

7.7　其余影响赛事公平性的事件，以总裁判判罚为准。

8　申诉办法

8.1　若对该轮比赛成绩或过程有异议，应于当轮比赛结束后向裁判员反映，下一轮比赛开始后，上一轮未申诉的裁决一概不受理。所有申诉总裁判均有权进行最终裁决和判定。

8.2   资格赛中若图传画面受到干扰或现场设备有问题，均等到该轮资格赛全部结束后再处理，依据回放状况确定是否补飞该轮赛事。

第二部分   遥控直升机任务飞行（F3U-P）竞赛规则

1   定义

遥控直升机是由选手在地面用无线电遥控设备操纵的，依靠绕多个假想的垂直轴旋的转动力驱动旋翼系统获得升力和水平推力的飞行器。

2   技术要求

飞行器以电动机为动力，旋转的轴数不得少于3个，动力电池最大电压为17V，轴距不大于330mm，飞行期间不得使用自驾，只能自稳。全程由飞手操控飞行。螺旋桨最大直径为15.24cm（6in）。

3   安全要求

所有参赛飞行器必须设定一个解锁方式，使飞行器不会因为任何干扰或者意外操作而起动。解锁设定可以由一个发射机上的特定解锁开关来执行，或由操作杆的序列动作来执行（比如把两个操作杆向右扳到底）。禁止使用金属螺旋桨。

4   比赛方法

从计时开始，以最短时间按路线完成任务并返回降落，计时结束。途中必须按赛道顺序依次完成各项任务，若某项任务放弃或未完成，则总时间加30s。选手必须在操纵区内操纵模型，不可以跟随模型。飞行期间，若飞行器着陆时间不超过5s或者摔机但可以继续飞行，可以继续比赛但需要加时30s；若飞行器着陆时间超过5s或者摔机造成不能继续飞行，则该选手比赛停止并记成绩为0。未按规定路线飞行也不计成绩。

5   比赛场地

赛道单圈长度为80m，并由若干任务单元组成。

6   助手

每名选手可以配备一名助手，助手仅可帮助飞手准备飞行器，拿取设备，助手不得操纵飞行器。

7　成绩评定

比赛进行两轮，取一轮最好成绩。若成绩相同，则比较另一轮成绩。

9.3　D1 无人机大赛赛事裁判标准

1. 竞赛方式

1）选手通过佩戴眼镜或显示屏采用第一视角飞行，使用无线电遥控设备操纵多旋翼飞行器，按规定路线顺序穿越赛道障碍，进行竞技比赛。

2）每轮比赛开始前有 5min 准备时间，该时间内参赛选手入场并调试设备，准备时间过后，飞行器应停放在"起降区"（起飞与降落区域）等候起飞。

3）若在规定时间内未完成设备调试，导致不能进行本轮比赛，该选手须放弃本轮比赛，届时可向裁判申请补赛。每名选手有一次机会申请补赛。连续两次在规定时间内未能完成设备调试的将被取消比赛资格。

4）当比赛信号灯由红变绿（发令音响起）时，比赛正式开始。

5）若飞行器在比赛信号灯由红转绿前离开地面将被视为抢跑，届时本组所有飞行器需返回"起降区"重新开始本轮比赛。连续两次抢跑将被取消比赛资格。

6）比赛中，选手应操纵飞行器按规定路线与圈数顺序穿越赛道障碍，如因失误漏过，应重新返回穿越障碍。若未能按规定路线顺序穿越赛道障碍，本轮比赛成绩无效。

7）完成本轮比赛后飞行器应着陆在"起降区"。若完成本轮比赛后未能在 1min 内将飞行器着陆在"起降区"，本轮比赛成绩无效。

8）比赛过程中，若飞行器触地时间不超过 10s 复飞（含飞行器坠地复飞），可以继续比赛。若飞行器触地时间超过 10s 或坠机造成不能继续飞行的，本轮比赛成绩无效。

2. 技术信息

（1）飞行器

1）机型：以电力为动力，旋翼的轴数不少于3个。

2）重量：起飞重量不超过1500g。

3）电池：电压不超过17V，总电量不超过30W·h。

4）轴距与尺寸：轴距为210~440mm，螺旋桨直径不超过15.24cm（6in），总高度（包括天线）不超过180mm。

5）指示灯：飞行器尾部应安装长度不小于10cm，亮度须保障在白天阳光下能辨识颜色，4色可调节的LED指示灯。LED指示灯应常亮不得闪烁。

6）辅助处理器：无限制，飞控及遥控器上不得配置具记录并回放摇杆操控动作功能的设备。

7）安全装置：飞行器必须设定一个锁定方式，使其不会因为任意干扰或意外操作而起动。解锁设定可由发射机上的特定开关或操作杆的序列动作来执行，如将操作杆向一侧扳到底。

（2）遥控器　遥控频段：2.4GHz或845MHz，跳频。

（3）图像传输设备

1）比赛统一使用Team BlackSHEEP图像传输设备：比赛现场设置相关图像传输设备展台，300元押金，比赛后退还。

2）图像传输接收机：MasterPilot图像传输接收机。

3）图像记录设备：每场比赛所有飞行器须安装类似Gopro的视频记录设备，并在每场比赛结束后将存储卡中的视频内容复制给工作人员。

（4）计时系统

1）赛事组委会统一发放计时系统标签。

2）主计时系统是红外系统或RFID系统。

3. 大赛规则

1）比赛采用第一视角飞行，每位参赛选手每轮比赛可以带一名助手上场，可以是飞行员与机械师或助手等。

2）比赛中选手负责操纵飞行器，助手负责设备的安放、调试及电池更换。

3）比赛前赛事组委会须对参赛设备（包括飞行器、遥控器等）进行检验，设备不合格的将被取消参赛资格。

4）安装完成后，须将参赛设备交由赛事组委会统一保管。每轮比赛开始前，工作人员会将参赛设备交给相应参赛选手。每轮比赛结束后，各选手应将参赛设备断电，交给组委会。

5）每位参赛选手可以有多套符合赛事规定的备用参赛设备（不须交由竞赛组工作人员保管），如需要更换，应在该轮比赛结束后向裁判提出申请并经裁判同意后才可使用。

6）比赛前 20min 进行三次检录，参赛选手应按照竞赛日程安排，准时到达检录地点，有序检录。经裁判检录三次不到者，视为自愿放弃比赛。检录裁判会根据技术要求检查飞行器，如因技术要求不达标而造成延误，由参赛选手承担责任（比赛时将提供叫号器）。

4. 竞赛赛制

（1）计时排位赛

1）每位选手按抽签分组，每组4人，以组为单位进行比赛，每轮飞4圈，同一组选手同时出发，记录完成圈数总时长，未完成圈数视为无成绩。

2）排位赛共计 3 轮，取每名选手 3 轮比赛中最好成绩进行排位，前 16 名选手晋级小组淘汰赛。若出现比赛成绩相同的情况，则比较另一轮成绩，再相同则进行加赛。

（2）小组淘汰赛

1）每位选手按抽签分组，每组4人，以组为单位进行比赛，比赛共计1轮，每轮飞 4 圈，同一组选手同时出发，未完成圈数视为无成绩。

2）每组每轮前 2 名晋级下一轮，以此类推至决赛最后一轮。

3）若出现未完成比赛的情况，则按照比赛完成圈数情况判定，若比赛完成圈数情况无法判定，则未完成比赛的选手进行重赛，决出名次。

（3）决赛　由小组淘汰赛决出 4 名选手参加决赛，决赛共 1 轮，飞 5 圈，决出第 1、2、3、4 名。

若出现未完成比赛的情况，按照比赛完成圈数情况判定，若圈数相同，则按该圈数赛道飞行完成情况判定，若该圈数飞行情况无法判定，则出现上述情况的选手进行重赛，决出名次。

9.4　全国航空锦标赛江西站比赛规则

无线电遥控多轴飞行器（第一视角 FPV）穿越赛

比赛形式

多轴飞行器由选手使用无线电遥控设备操纵，以第一人称视角（FPV），按照规定的线路飞行并穿越障碍物，以在要求时间内完成的圈数来统计成绩。

模型技术要求

（1）轴距　180~280mm。

（2）电池　电池限制 4S 电池，容量不限，电压不限。

（3）桨　6in 以下（包含 6in）。

（4）飞控系统　不可使用带有 GPS 辅助功能的飞控系统。

（5）图传　图传 25~200MW 可调（根据场地具体情况调整）。

（6）高清相机　决赛必须挂上分辨率为最低 1080P 的高清相机，角度需与摄像头同角度。未上交高清视频存储卡的判定为成绩无效。

排位赛、预赛

选手根据抽签顺序轮流比赛，比赛共分为 6 轮，每轮 4 架飞行器，飞行 2~3 圈。

每架飞行器单独出发，过计时门开始记录单轮成绩，未完赛，不计成绩。计分规则如下：

1）飞行器静止起飞，第一次过计时门开始计时，需要沿赛道穿过每一个障碍门，不得漏掉或者错过一个障碍。漏门必须补穿，否则整轮成绩无效。飞机坠毁，未能完赛，则成绩无效。

2）每位参赛选手选取最好单轮成绩作为排位赛的最终成绩，所有参赛选手按照最终成绩排序，取得排位赛名次，从中直接选取 8 强。

3）其他选手淘汰，或者进入复活 PK 赛。参赛选手必须最少完成一轮排位赛比赛并取得有效成绩，如果两轮均未完赛，将被自动取消后续比赛资格。

按照排位赛最终成绩排名，进行抽签，分为 A、B 两组。比赛分为 3 轮，每轮 2~3 圈。

A、B 两组轮流，每组 4 架飞行器同时出发，过计时门开始计时，按冲线时间记录单圈成绩，未完赛不计成绩超过 3s 没起飞，本轮成绩无效。

计分规则：每组 4 架飞行器静止同时起飞，需要穿过每一个障碍门，不得漏门或障碍，否则判定成绩无效；抢跑 1s，完赛成绩加 10s 作为处罚，以此类推；飞行器坠毁未能完赛，则成绩无效。

取 4 位选手单圈最快成绩晋级，后 4 位选手被淘汰。

如果有 5 名或 5 名以上参赛选手未能完赛，将从排位赛中复活选手。

决　赛

1）比赛分为 5 轮，飞行 2~3 圈。

2）请参赛选手带好备用飞行器，每轮比赛中途超过 5min 未准备完成的，将视为本轮成绩无效。

3）一组 4 架飞行器同时出发，按冲线时间记录单轮最快成绩，决出冠、亚、季军，未完赛不计成绩。

4）计分规则：

① 4 架飞行器静止同时起飞，需要穿过每一个障碍门，漏掉或者错过一个障碍，完赛成绩加 5s 作为处罚；如抢飞（跑）1s，完赛成绩加 10s 作为处罚，以此类推；飞行器坠毁未能完赛，则无成绩。

② 如果有 2 名或 2 名以上参赛选手未能完赛，将从排位赛中复活选手。

③ 参赛选手对最终比赛结果存在异议的，可在比赛成绩公布后立即至裁判组提出申诉要求，裁判组根据比赛视频做出裁决，此裁决结果作为比赛的最终结果，最终结果公布后不再接受任何申诉。

5）复活 PK 赛，飞行时间另定，规则另定。

6）其他设备根据现场情况具体安排。

9.5　2018 年珠海无人机竞速赛

2018 年 珠海市职业技能竞赛 无人机操控师竞赛技术方案

一、竞赛形式

1）本次竞赛为职工组个人竞赛，竞赛分为理论知识竞赛和实际操作竞赛两个环节，其中理论环节 45min/ 人，实操环节 6min/ 人。

2）理论知识竞赛满分为 100 分，试题均为客观题，采用机考方式实现，理论知识竞赛成绩按 30% 的比例折算计入竞赛总成绩。

3）实际操作竞赛满分为 100 分，实际操作竞赛成绩按 70% 的比例折算计入竞赛总成绩。

4）总成绩计算：理论知识竞赛成绩 30% + 实际操作竞赛成绩 70%。

二、命题原则

按照无人机操控师国家职业技能标准（国家职业资格目录外 / 职工组）要求，在基本技能考核的基础上重点突出企业所需专业技能及新技术应用，体现现代制造技术与生产实际相结合的原则，突出职业能力考核。

三、竞赛内容、技能比重、试题类型和其他

1. 理论知识竞赛

1）以民用航空法规、无人机结构、无人机飞行理论、无人机操控技术、无人机控制系统、无人机地面站技术和无人机应用知识为主，以机械装调、机械制图、电气自动化相关知识为辅。

2）试题类型：选择题。

3）竞赛时间：理论竞赛时间为 45min（100 道题）。

4）命题方式：专家命题。

5）考试方式：采用计算机考试。

2. 实际操作竞赛

实际操作竞赛以操作技能为主，遥控和飞控设备使用及安全文明生产在实际操作竞赛过程中进行考查，不再单独命题。

（1）竞赛规则　为全面考查参赛选手的职业综合素质和技能水平，实

际操作竞赛包括基于起飞、过圆圈、水平圆周飞、立体竖向圆周过横杆飞、竖向过圆圈飞、安全降落六大部分，具体内容如下：

1）使用器材为中、小型无人机（机臂长 250~800mm）。比赛为飞行赛，根据飞行赛分数（控制飞行质量）及飞行赛时间进行名次评定。

2）飞行赛所用无人机由参赛人自带。每人最多可携带一台比赛用机、一台备用机共两台飞行赛用机，并自行准备比赛用电池。如果当值裁判认定选手的两架无人机或两块电池均不能正常参加比赛，参赛人可以选择放弃比赛或使用组委会提供的备用飞行器和电池参赛。如果选择后者，则不得对组委会提供的备用机或电池提出异议，也不得对使用备用机或电池的参赛结果提出异议。

3）比赛采用单轮单次完成，每轮次由一名参赛选手完成，其他选手需按照抽签编号依次完成飞行赛。

4）每位选手单独进行飞行，赛道外（指定地点）始终保持 1 名选手准备下一人次飞行，过程如下：按照抽签顺序先由 1 号选手进入"移动区域"，1 号选手完成指定科目 1 至科目 6 飞行环节，直至飞机降落到起降平台，选手锁桨至完全停桨，结束计时，1 号飞行员退出比赛区，然后 2 号选手进入比赛。

5）比赛中完成规定动作，按照飞行质量和时间值获得相应分数。

6）选手完成全部规定动作后，记录个人完成时间。如果未完成全部动作，则以飞行赛用时上限记录个人完成时间。

7）整体飞行赛用时上限为 360s，若超出该时间，则视为比赛结束，只记录已完成动作的分数。

8）如果飞行过程中有违规操作，则根据规则扣分。

9）具体比赛科目、顺序、要求、得分、扣分规则另附。

10）判定比赛结束的几种状况：

① 比赛在规定时间内完成项目，在锁桨动作完成后，桨叶停转。

② 比赛实际用时超过比赛规定的上限时间。

③ 比赛过程中飞行器跌落，无法复飞继续比赛。

④ 比赛过程中飞行器飞到比赛场地的防护网外侧。

⑤ 在①~④的情况下，当值裁判员即刻宣布比赛结束，比赛用时按照

上限 360s 计算，总分按照实际完成的项目数及扣分规则进行计算。

（2）比赛科目

1）比赛正式开始前，参赛选手可以在当值裁判员确认下进行简单的飞行测试，确保比赛用机处于正常的工作状态。

2）裁判发出"开始"口令，比赛计时开始，选手起动飞行器，进入比赛环节。

3）科目 1：起飞，由停机坪起飞至目视高度，穿过圆圈飞向科目 2。

4）科目 2：在飞行高度低于标杆高度上限的前提下，逆时针方向（俯视角度）环绕一圈，飞向科目 3。

5）科目 3：无人机从横杆下部穿越，沿顺时针方向（比赛选手站位视角）环绕横杆一周，从横杆下部飞向科目 4。

6）科目 4：首先从上向下穿越高位圆圈，然后从下向上穿越低位圆圈，之后飞向科目 5。

7）科目 5：向前连续穿越蛇形连环圈，共 3 个，之后飞向科目 6。

8）科目 6：飞回停机坪上空，着陆，降落至起降平台。

9）飞机降落后，选手控制飞机锁桨，待桨叶停止转动，计时结束。

10）选手交接期间，需要在指定的选手交接活动区域完成交接，比赛场地内不得同时出现超过两名参赛选手。

11）选手自带设备，见表 9-2。

表 9-2　选手自带设备

序号	名称	要求	数量
1	竞赛飞机	多轴中、小型机	1 架
2	备用飞机	多轴中、小型机	1 架
3	遥控设备	功率不大于 100mW	1 套
4	飞机用动力电池		2 块
5	FPV 维修设备		1 套
6	飞控	必须用失控保护	1 套

四、大赛试题

专家组组织技术研讨会，并在大赛官方网站上发布实际操作比赛样题及评分标准。

五、评分标准制订原则、评分方法、评分细则

1. 评分标准制订原则

参照省技能大赛成绩管理办法的相关要求，根据申报赛项自身特点，选定具有较强操作性的评分方法，编制评分细则。

根据中、高等职业学校教育教学特点和教育部颁布的职业学校无人机相关专业教学指导方案，设置每个环节考核的知识点、技能点以及评价标准，以技能考核为主，组织专家制订比赛规程、实施方案与各项评分细则，邀请有关无人机教育教学专家与企业专家组成评判委员会，对选手技能进行公开、公平、公正的评判。评分标准与赛项的竞赛内容完全一致。

2. 评分方法

评分方法以过程评分（无人机理论和无人机操控规范及过程控制）和结果评分结合进行。结果评分按百分制评分，最后评分为两项分数之和。

（1）过程评分　过程评分采用扣分制，有违反项即按评分标准扣分；根据参赛选手在操作过程中的规范性、合理性，以及安全、文明生产等情况，评分裁判依据评分标准进行评分。

参赛选手按比赛要求进行操作，现场评分裁判对照评分表即时判分。评分裁判不得少于2人。

（2）结果评分　根据参赛选手的勘测作业结果和提交的数字文件资源，按照评分标准进行评价。

3. 评分细则

竞赛评分将采用定性与定量结合的方法客观公正地评出各赛项任务的分数，由赛项内容的特性决定。在作业完成度等方面的评价，采用大排队、细调整、渐变排列，初步定出成绩排序，再根据评分细节，精准打分。总分为 100 分。

（1）飞行评定评分标准见表 9-3

表 9-3　飞行评定评分标准

选手编号：　　　　　　　　　　　　　　　　　　　　　　　　　　得分：

序号	着陆状态	图示	计分
1	完美		10 分
2	优秀		8 分
3	良好		6 分
4	及格		4 分
5	不合格		0 分

（2）扣分评定（表 9-4）

表 9-4　飞行成绩评定

选手编号：　　　　　　　　　　　　　　　　　　　　　　　　　　总得分：

课目	配分	检测结果	最终得分	课目	配分	检测结果	最终得分	课目	配分	检测结果	最终得分
1	15			3	20			5	20		
2	15			4	20			6	10		

1）飞行器飞行高度超过防护网高度，扣 5 分 / 次。

2）飞行器在飞行比赛期间碰到内侧防护网，扣 5 分 / 次。

3）飞行比赛期间，选手操作飞行器触碰到选手本人或裁判，扣 10 分 / 次。

4）飞行比赛期间，选手利用身体部位，主动触碰飞行器，扣 5 分 / 次。

5）比赛选手仅能在规定的"移动区域"内移动，完成飞行比赛。如果有参赛选手的鞋子踩压"移动区域"标志线且鞋子的任何一个实际接触地面的部位有肉眼可明显识别的超出"移动区域"标志线外侧的行为发生，扣 5 分 / 次。

6）比赛过程中不得出现超过 2 名参赛选手同时出现在比赛场地中的情况，如发现超过 2 名参赛选手同时出现在比赛场地的行为，扣 10 分 / 次。

六、安全保障

为确保大赛赛事安全，采取切实有效的措施保证大赛期间参赛选手、工作人员及观众的人身安全。根据提出的安全要点，制订相应制度文件，落实相关责任。

1）赛场建立与公安、消防、司法行政、交通、卫生、食品、质检等相关部门的协调机制，保证比赛安全，制订应急预案，及时处置突发事件。

2）大赛办公室在赛前组织专人对比赛现场进行考察，并对安全工作提出明确要求。赛场的布置，赛场内的器材、设备，应符合国家有关安全规定。

3）赛场周围设立警戒线，防止无关人员进入发生意外事件。在具有危险性的操作环节，裁判员要严防选手出现错误操作。

4）比赛期间发生意外事故时，发现者应第一时间报告大赛办公室，同时采取措施，避免事态扩大。大赛办公室应立即启动预案予以解决并向大赛组委会报告。出现重大安全问题时可以停赛，是否停赛由大赛组委会决定。

5）赛场由裁判员监督完成比赛设备通电前的检查全过程，对出现的操作隐患及时提醒和制止。比赛过程中，参赛选手应严格遵守安全操作规程，遇有紧急情况，应立即切断电源，在工作人员安排下有序退场。

6）无人机竞赛人调试时，应将飞行器螺旋桨拆下，避免突然起动造成安全事故。选手在进行飞行器调参时要及时存盘，避免突然停电造成数据丢失。

7）赛场提供应急医疗措施和消防措施。

七、竞赛工作安全预案

1. 指导思想

认真贯彻"安全第一，预防为主"的安全方针，确保本次参赛选手的人身安全，杜绝比赛期间安全事故的发生，提高竞赛突发事故的处置能力，最大限度地减小安全事故造成的危害。

2. 成立安全领导小组

3. 安全职责要求

1）赛务组、竞赛组、裁判组的组长均为第一直接责任人，其他赛事副组长、组员为间接责任人。竞赛工作小组全体人员均要以高度的责任心对每位参赛选手的安全负责，对参赛选手加强安全教育，抓好安全管理，确保大赛万无一失。

2）比赛中要严格按操作规程操作，确保人员和设备安全。竞赛中选手如有违反安全操作规程的危险性操作，必须及时制止，必要时裁判有权取消该选手比赛资格。

3）比赛过程中如出现设备异常、漏电等事故，赛事裁判及工作人员应立即停电，现场人员应立即报告安全领导小组组长，组长根据现场情况对事故原因进行初步分析，采取必要的措施检查、维修正常后方可继续使用。

4. 事故处理

1）突发事件发生后，安全领导小组应当根据"生命第一"的原则，决定是否启动突发事件应急预案，并在第一时间内向安全工作领导小组报告。

2）应急状态期间，安全领导小组各成员之间必须保证通信畅通。

3）参与活动的任何企业和个人都应当服从安全领导小组所作出的决定和命令。

4）交通事故：在参赛途中出现交通事故时，应迅速抢救受伤人员，保护现场，并拨打 120、110 和 122 等电话，同时将事故详情立即报告竞赛工作小组组长和赛务组。情况紧急时，可先求助过路车辆，第一时间内将急、重伤员送往就近医院。

5）火灾事故：比赛场馆出现火情时，现场负责人应迅速疏散人员，并组织人员有序地从安全通道撤离。疏散撤离时应听从指挥，防止拥挤、踩踏。如遇烟雾，用手帕或衣物等捂口、鼻，俯身行走，迅速离开现场。撤离到安全地带后，现场负责人和领队应立即清点人数，并报告安全领导小组组长。

6）机械事故：立即关闭运转机械，保护现场，及时向安全领导小组及有关部门汇报，应急指挥部门接到事故报告后，迅速赶赴事故现场，组织事故抢救。立即对伤者采取包扎、止血、止痛、消毒、固定等临时措施，防止伤情恶化。在就地抢救的同时，应立即拨打 120 电话，向医疗单位求救，并准备好车辆随时运送伤员到就近的医院救治。

7）触电事故：立即切断电源，救出触电者，并立即实施抢救，同时拨打 120 电话，迅速向相关部门报告。

5. 善后处理

1）查明事故原因，向上级领导和主管部门递交书面事故报告。

2）做好相关人员的安抚工作。

3）对所有参赛选手、竞赛项目组织人员进行安全教育，引以为戒。

4）按照有关规定处理相关责任人、当事人。

八、比赛组织与管理

比赛由大赛组委会组织领导，下设大赛办公室，大赛办公室下设技术专家组及其他相关机构。

1. 组织机构

大赛组织机构包括大赛组委会、大赛办公室和技术专家组。

（1）大赛组委会　大赛组委会负责大赛的整体安排和组织管理工作。

（2）大赛办公室　大赛办公室全面负责大赛的筹备与实施工作。大赛办公室的主要职责包括：领导、协调技术专家组和比赛场地负责人开展大赛的组织工作，管理大赛经费，选荐技术专家组人员及大赛裁判与仲裁人员等。

（3）技术专家组　技术专家组在大赛办公室领导下开展工作，负责大赛技术文件编撰、赛题设计、赛场设计、设备拟定、赛事咨询、技术评点、裁判人员培训、技术交底会组织等大赛技术工作，同时负责大赛展示体验及宣传方案设计。

2. 大赛设备与设施管理

（1）赛场条件

1）赛场布置，贯彻赛场集中、工位独立的原则。选手大赛单元相对独立，确保选手独立开展比赛，不受外界影响；工位集中布置，保证大赛氛围。

2）医疗、维修服务和垃圾分类回收点都在警戒线范围内，以确保大赛在相对安全的环境内进行。

3）设置安全通道和警戒线，确保进入赛场的大赛参观、采访、视察的人员限定在安全区域内活动，以保证大赛安全有序进行。

（2）大赛保障

1）建立完善的大赛保障组织管理机制，做到各比赛单元均有专人负责指挥和协调，确保大赛有序进行。

2）设置生活保障组，为大赛选手与裁判提供相应的生活服务和后勤保障。

3）设置技术保障组，为大赛设备、软件与大赛设施提供保养、维修等服务，保障设备完好和正常使用，保障设备配件与操作工及时供应。

4）设置医疗保障服务站，提供可能发生的急救、伤口处理等应急服务。

5）设置外围安保组，对赛场核心区域的外围进行警戒与引导服务。

（3）赛场布置

1）赛场应进行周密设计，绘制满足赛事管理、引导、指示要求的平面图。大赛举行期间，应在比赛场所、人员密集的地方张贴赛场平面图。

2）赛场平面图上应标明安全出口、消防通道、警戒区、紧急事件发生时的疏散通道。

3）赛场的标注、标识应进行统一设计，按规定使用大赛的标注、标识。赛场各功能区域、工位等应具有清晰的标注与标识。

4）工位上张贴各种设备的安全文明生产操作规程。

（4）安全防范措施

1）根据大赛具体特点做好安全事故应急预案。

2）赛前应组织安保人员进行培训，提前进行安全教育和演习，使安保人员熟悉大赛的安全预案，明确各自的分工和职责。督促各部门检查消防设施，做好安全保卫工作，防止火灾、盗窃现象发生，要按时关窗锁门，确保大赛期间赛场财产的安全。

3）比赛过程中如果发生安全事故，应立即报告现场总指挥，同时启动事故处理应急预案，各类人员按照分工各尽其责，立即展开现场抢救和组织人员疏散，最大限度地减少人员伤害及财产损失。

4）比赛结束时，要及时进行安全检查，重点做好防火、防盗以及电气设备的安全检查，防止因疏忽而发生事故。

3. 大赛监督与仲裁管理

（1）大赛监督

1）监督组在大赛办公室领导下，负责对大赛筹备与组织工作实施全程进行现场监督。

2）监督组的监督内容包括大赛场地和设施的部署、选手抽签、裁判培训、大赛组织、成绩评判及汇总、成绩发布、申诉仲裁、成绩复核等。

3）监督组对比赛过程中的明显违规现象，应及时向大赛办公室提出改正建议，同时采取必要技术手段，留取监督的过程资料。比赛结束后，向全国大赛组委会提报监督工作报告。

4）监督组不参与具体的赛事组织活动。

（2）申诉与仲裁

1）各参赛选手对不符合大赛规程规定的仪器、设备、工装、材料、物件、计算机软硬件、大赛使用工具和其他用品，大赛执裁、赛场管理、比赛成绩，以及工作人员的不规范行为等，可向大赛仲裁组提出申诉。

2）申诉主体为参赛选手。

3）申诉启动时，参赛选手以亲笔签字的书面报告的形式递交大赛仲裁组。报告应对申诉事件的现象、发生时间、涉及人员、申诉依据等进行充分、实事求是的叙述。非书面申诉不予受理。

4）提出申诉应在比赛结束后不超过 2h 内提出。超过时效不予受理。

5）大赛仲裁工作组在接到申诉报告后的 2h 内组织复议，并及时将复议结果以书面形式告知申诉方。若申诉方对复议结果仍有异议，可由大赛组委会向大赛办公室提出申诉。大赛办公室的仲裁结果为最终结果。

6）申诉方不得以任何理由拒绝接收仲裁结果，不得以任何理由采取过激行为扰乱赛场秩序；仲裁结果由申诉人签收，不能代收；如在约定时间和地点申诉人离开，视为自行放弃申诉。

7）申诉方可随时提出放弃申诉。

九、对裁判人员的要求

大赛的裁判工作由加密裁判 4 名、检录裁判 4 名、裁判员 12 名、裁判长 1 名组成。

对裁判人员的要求如下：

1）具有良好的职业道德和心理素质，严守竞赛纪律，服从组织安排，责任心强。

2）裁判员须从事无人机专业（职业）相关工作2年以上（含2年），具备深厚的专业理论知识和较高的实际操作技能水平，具有行业职业技能竞赛执裁经验。

3）有较强的组织协调能力和临场应变能力。

4）年龄原则上不超过65周岁，身体健康，无任何违法违纪记录，且获得工作单位支持，能在规定时间内到岗，并按要求完成指定裁判工作。

加密裁判、检录裁判由大赛办公室指派责任心强的专业人员担任。

9.6 2018年深圳技能大赛——"好技师"

无人机应用技术职业技能竞赛技术文件

一、竞赛项目

无人机应用技术。

二、竞赛标准

本次竞赛根据无人机行业发展状况并结合无人机企业技能人才培养及评价的需求，制订竞赛标准，组织专家统一命题。

三、竞赛内容

1. 初赛

初赛分为无人机组装调试和无人机基础飞行两个项目。

1）无人机组装调试：要求参赛选手在60min内完成一台指定机型的无人机组装任务，并完成所有参赛设置，无人机零部件的位置要求安装合理、正确，参数设置准确并能实现无人机安全驾驶（进行起飞、降落飞行测试）。

2）无人机基础飞行：要求参赛选手在规定时间内利用地面站预先设置A、B、C三点闭合航线，实现无人机由A点至B点再至C点的自动驾驶任务。

飞行要求：选手使用地面站操纵无人机，按顺序实现A、B、C三点闭合航线飞行。

2. 决赛

决赛为无人机驾驶，分为物流运输和应急救援两个项目，均采用现场技能操作形式进行竞赛，以百分制计，各项目占比为 50%，竞赛项目内容如下：

（1）物流运输　参赛选手需要在规定时间内完成指定动作，即在指定地点装载货物，并在运输路途中避开预先设置好的障碍物，将货物顺利、精准地送达指定收货地点。

（2）应急救援　参赛选手需要在规定时间内根据裁判员提供的遇险人员的地理位置信息，操纵无人机将救援物资精准投放给遇险人员，实现救援的目的。

四、成绩评定办法

1）参赛选手的成绩评定由裁判组负责。

2）决赛依据现场裁判员的赛场记录，由现场裁判组集体评判成绩。

3）初赛成绩排名前 50 名的选手参加决赛。

五、评分标准

1. 初赛评分标准

（1）无人机组装调试评分表　表 9-5。

表 9-5　无人机组装调试评分表

选手编号：　　　　　　　　　　　　　　　　　　　　总得分：

评分项目	评分细则	分值	选手得分
组装	外观整洁、布线整齐、焊点准确	2 分	
	电动机安装位置正确，电动机转向安装正确	3 分	
	桨叶顺序正确	2 分	
	电调安装正确并且焊接良好	6 分	
	飞控方向安装正确且对应的接口连接对应的设备	3 分	
	接收机通道选择正确，天线固定	3 分	
	零部件完整。漏装一个零部件扣 1 分，最多扣 4 分	4 分	

（续）

评分项目	评分细则	分值	选手得分
系统调试	正确设置飞行器类型	3分	
	所有校准项目完成，包括气压计校准、地磁校准、遥控器校准和电调校准。	5分	
	使用三段开关和二段开关组合设置六种飞行模式	4分	
	准确设置失控返航和低电压返航	4分	
	设置通道开关取代安全开关解锁	3分	
	PID参数设置正确，自动驾驶时飞行稳定	3分	
竞赛用时	规定时间内完成任务	5分	

（2）无人机基础飞行评分表　表9-6。

表9-6　无人机基础飞行评分表

选手编号：　　　　　　　　　　　　　　　　　　　总得分：

评分项目	评分细则	分值	选手得分
基础飞行	飞行前检查	5分	
	地面站航线规划	20分	
	经纬度换算	10分	
	飞行顺序	5分	
	安全起降	5分	
	规定时间内完成任务	5分	

2. 决赛评分标准

（1）物流运输评分表　表9-7。

表 9-7　物流运输评分表

选手编号：　　　　　　　　　　　　　　　　　　　　　　　　　　总得分：

评分项目	评分细则	分值	选手得分
物流运输	检查后起飞，起飞后悬停稳定，漂移幅度小	5 分	
	顺利避开障碍物	25 分	
	落在地面靶心 50cm 内得 50 分，100cm 内得 40 分，150cm 内得 30 分，200cm 内得 20 分，落在投放区域以外则不得分	50 分	
	安全降落到指定区域，无抖动，无漂移侧翻	15 分	
	规定时间内完成任务	5 分	

（2）应急救援评分表　表 9-8。

表 9-8　应急救援评分表

选手编号：　　　　　　　　　　　　　　　　　　　　　　　　　　总得分：

评分项目	评分细则	分值	选手得分
起飞	检查后起飞，起飞高度为 4m（±1m），悬停 3s	3 分	
五边航线	第一转弯，需外侧转弯	3 分	
	第二转弯，需外侧转弯	3 分	
	第三转弯，需外侧转弯	3 分	
	第四转弯，需外侧转弯	3 分	
降落	安全降落，无抖动，无漂移	10 分	
精准拍摄	地面站航点顺序设定	5 分	
	飞行水平速度设定	5 分	
	飞行高度设定	5 分	
	航点经纬度设定	5 分	
	3 个目标物拍摄	3×5 分	
	拍摄完成后相机朝前悬停 5s	5 分	
	用遥控器控制降落	5 分	
竞赛用时	按公式计算竞赛用时分数 超过 20min 完成的，不得分	30 分	

六、竞赛设备

竞赛组装用无人机部件及组装工具由组委会统一提供，如竞赛指定器材发生变更，以组委会通知为准，见表9-9和表9-10。

表9-9　初赛无人机规格及参数

序号	名称	规格	备注	序号	名称	规格	备注
1	机架	450mm	带安装孔位	5	螺旋桨	9450	自紧桨
2	电动机	2212	900kV	6	飞控	MINI PIX	
3	电调	30A	无刷电调	7	遥控器	10通道	遥控及接收
4	电池（4S）	5000mAh	XT60	8	指示灯（LED）		飞行状态指示灯

表9-10　决赛无人机规格及参数

序号	名称	规格	备注	序号	名称	规格	备注
1	机架	450mm	带安装孔位	9	摄像头		F1竞速
2	电动机	2212	900kV	10	舵机		摄像头俯仰
3	电调	30A	无刷电调	11	OSD		OSD模块
4	电池（4S）	5000mAh	XT60	12	图传发射	5.8GHz	200mW，40CH
5	螺旋桨	9450	自紧桨	13	显示屏	7in雪花屏	内置图传接收
6	飞控	MINI PIX		14	显示屏电池（3S）	2200mAh	XT60
7	GPS	MINI M8N	TS100	15	货物抓手		
8	遥控器	10通道	遥控及接收	16	指示灯（LED）		飞行状态指示灯

1. 初赛无人机型号参数

机架：450mm轴距机架，带安装孔位。

电动机：2212型，900kV。

电调：30A无刷电调 。

电池：4S 5000mAh XT60 型锂电池。

螺旋桨：9450 型自紧桨。

飞控：MINI PIX。

遥控器：10 通道遥控及接收。

指示灯：LED 飞行状态指示灯。

2. 决赛无人机型号参数

机架：450mm 轴距机架，带安装孔位。

电动机：2212 型，900kV。

电调：30A 无刷电调。

电池：4S 5000mAh XT60 型锂电池。

螺旋桨：9450 型自紧桨。

飞控：MINI PIX。

GPS：MINI M8N GPS TS100。

遥控器：10 通道遥控及接收。

摄像头：F1 竞速摄像头。

舵机：控制摄像头俯仰的舵机。

OSD：OSD 模块。

图传发射：5.8GHz 200mW，40CH。

显示屏：7in 雪花屏，内置图传接收。

显示屏电池：3S，2200mAh，XT60 型锂电池。

货物抓手。

指示灯：LED 飞行状态指示灯。

七、竞赛规则

1）参赛选手需凭身份证、参赛证提前 30min 到达赛场检录。

2）竞赛过程中由于选手个人因素（如身体条件）引起的竞赛无法正常进行，组委会将不对此负责，选手将以弃权处理。

3）参赛选手应严格遵守赛场纪律，保持安静，竞赛进行过程中不允许任何形式的交谈，所有的通信工具、摄像工具不得带入竞赛现场，否则将给予警告直至取消竞赛资格。

4）各类赛务人员必须统一佩戴由竞赛组委会签发的相应证件，着装整齐。

5）各赛场除现场裁判、赛场配备的工作人员以外，其他人员未经允许不得进入赛场。

6）新闻媒体等进入赛场必须经过竞赛组委会允许，并且听从现场工作人员的安排和管理，不能影响竞赛进行。

9.7　赛道

9.7.1　首届世界无人机锦标赛

1）立体赛道，如图 9-4 所示。

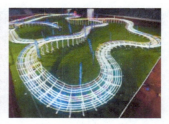

图 9-4　首届世界无人机锦标赛立体赛道

2）看赛道，如图 9-5 所示。

图 9-5　看赛道

9.7.2　F.O.T 竞赛

赛道示意图如图 9-6 所示。

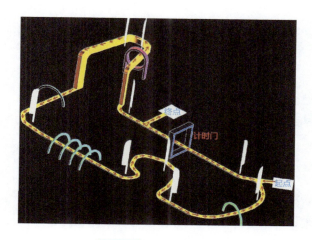

图 9-6　赛道示意图

（图片源自：林戈）

9.7.3　室内赛场

室内赛场如图 9-7 所示。

9.7.4　室外赛场

室外赛场如图 9-8 所示。

图 9-7　室内赛场　　　　　　图 9-8　室外赛场

（图片源自：聚航俱乐部）

9.8   无人机足球赛细则

一、项目介绍

无人机足球赛，选手在地面通过无线电遥控的方式操控球形无人机，如图 8-11 所示，进行"足球攻防"对抗赛，以进入对方球门得分的多少，判断胜负。

二、比赛场地

比赛场地，如图 9-9 所示，根据场地实际情况，障碍物尺寸允许误差为 ±5cm，场地尺寸和点位允许误差为 ±10cm。

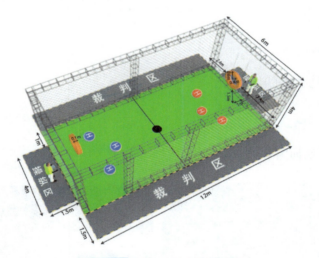

图 9-9   无人机足球比赛场

三、技术要求

无人机类型为四轴无人机，具体参数如下：

1）无人机最多只能以 4 个电动机提供动力。

2）必须使用球形外框，球形外框直径是 350mm±20mm。

3）无人机的所有部件必须在球形外框内，不得外露。

4）具备可调 RGB 灯，"得分无人机球"须有不同灯光标识。

5）动力电池，标称电压不大于 11.1V，容量不大于 1500mA·h。

6）无人机飞行重量不大于 450g（带电池）。

7）无人机使用无线电遥控操作，遥控器发射频率为 2.4GHz。

8）禁止使用预先编程模式飞行，允许使用自稳模式。

四、比赛时间

1）每场比赛常规时间为 10min（不含加时赛和点球决胜）；进场准备 2min，上、下半场各 3min，中场休息 1min，离场 1min。

2）加时赛比赛时间为 2min，准备和离场各 1min。

3）每轮点球比赛时间为 1min，最多进行 3 轮，准备和离场各 1min。

4）比赛进行中除由裁判宣布的暂停外，将连续计时。

五、比赛方法

1. 检录和准备

（1）检录

1）选手须按照赛程安排提早到达、准时参加检录。

2）完成检录后，选手携参赛设备进入"待赛区"等待正式上场比赛。

3）选手分组根据遥控设备、图传频点排定、比赛次序排序。

（2）准备

1）每轮比赛的准备时间为 1min。

2）选手把无人机足球放在起飞点，无人机足球任何部位不得超出起飞区。

3）开启电源，确认设备正常，无人机足球"解锁"后，队员应向裁判员示意申请起飞，否则未记录到成绩由选手自行负责。

4）选手点名进场后，如出现设备故障，可以更换备机或现场维修，限时 1min，超时视为本轮弃权。

5）选手上场后需与裁判员核对信息，检查图传信号，出现干扰情况要及时提出，一旦裁判宣布比赛开始选手不得以任何理由提出终止比赛。

①准备期间，运动员按裁判员要求完成无人机足球开机、对频。

②调整无人机足球的灯光，两队无人机足球灯光分别使用冷光、暖光来区分。

③所有无人机足球保持开机闭锁状态，队员将无人机足球摆放在起飞点上，之后举手示意。

2. 竞赛

1）当所有队员准备就绪时，裁判员发布"解锁"命令，3~5s后，宣布"开始"，正式开始比赛。在"开始"口令前，无人机足球离开起飞区域则认定为抢飞，选手需重新比赛。第一次抢飞对选手予以警告，第二次抢飞则取消该队比赛资格。

2）进球：当无人机足球从正面穿过对方球队的球门时，该球队得1分，半个无人机足球已经穿过了球门环的正面也视为得分。防守无人机足球通过对方球门环不得分。本方任何一个无人机足球无论以何种方式穿过（或半个无人机足球穿过）本方球门，则判定对方得分。

3）当一方球队进球时，裁判鸣哨，并做出加分手势，认可进球有效。

4）进球后的进攻无人机足球必须返回己方半场，之后可以继续参与进攻，如未返回己方半场的，之后进球无效。

5）比赛过程中，如一方的无人机足球发生故障不能飞行，则只能在半场比赛结束后取出维修，或使用备用机，上场继续比赛。

6）比赛中场休息过程中，双方交换场地，选手可进场更换器材零件，但必须遵守时间规定。

3. 加时赛

1）上下半场结束后，如果双方比分出现平局，则开始加时赛。

2）加时赛采用金球决胜（第一个进球方即为获胜方）的方式决出胜负。

4. 点球

1）如加时赛双方都没有进球，则开始点球决胜。

2）双方以1对1决胜的方式决出胜负：即双方各出一名队员，将球放在起飞点，先进对方球门的一方获胜。1对1决胜最多进行三轮，每轮比赛为1min，每轮由不同选手上场比赛。

3）点球后，双方如果还是平局，则采用抽签的方式确定胜负。

5. 计时

1）上下半场、加时赛时间为连续比赛时间，期间不停表。

2）上下半场比赛结束以裁判员哨声为准。

6. 结束

1）成绩评定。

2）根据比赛成绩，按常规赛比分，加时赛比分，点球比分，抽签，定胜负原则，确定获胜方。

六、判罚

任何一方出现以下情况，则视为犯规判负，由对方获胜：

1）使用不符合竞赛规则规定或者未经裁判员审核合格的竞赛器材或设备。

2）比赛进行中，非上场队擅自开启或使用无线电设备。

3）选手进场后在规定时间内，无人机足球仍未做好准备。

4）选手离开操控区操控无人机足球。

5）不服从指挥与调度造成严重后果。

 小知识　中国第一张 CCC 认证证书

第 10 章　职业出路

➡ **知识目标**

1）熟知无人机的职业定位。

2）熟知无人机驾驶员可以从事的工作。

➡ **能力目标**

1）对无人机的职业定位有比较全面的了解。

2）对无人机驾驶员可以从事的工作有比较清楚的认识。

➡ **素质目标**

1）与团队协作。

2）树立无人机安全作业岗位意识。

无人机专业是中国制造 2025 纲要中重点突破的智能制造工程。无人机驾驶员、无人机操控员，简称为无人机飞手。

10.1　定位

10.1.1　新型职业

无人机是无人驾驶飞行器（Unmanned Aerial Vehicle，UAV）的简称，是指利用无线遥控设备和自有程序控制的不载人飞行器，可在无人驾驶的条件下，完成复杂的空中飞行和特定作业任务，是飞行的"空中机器人"。无人机驾驶员就是操作、控制无人机的职业人员。2019 年 4 月 1 日，国家人力资源和社会保障部、国家市场监督管理总局、国家统计局已正式将无人机驾驶员职业列入国家 13 个新增职业。

10.1.2　专业培训

　　无人机与无人机驾驶员是人、机分离的，靠通信信道进行相连，而感知和操控无人机的状态都有时间延迟，因此，无人机驾驶员必须经过职业化的专业培训，取得无人机驾驶员的资格，才能胜任驾驶无人机，完成专业无人机的航空作业任务。

10.1.3　专业技能

　　微型、小型无人机的驾驶员虽然不需要飞行执照，但必须要有较强的目视遥控飞行的专业技能，这是迈向高水平专业无人机驾驶员的基础。

10.2　无人机驾驶员可从事的工作

10.2.1　运动员

　　参加各类无人机赛事的运动员，如图 10-1 所示。

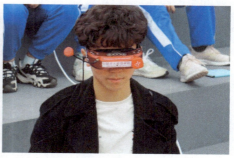

图 10-1　无人机赛事运动员

（图片分别源自：林戈和 SP 俱乐部）

　　在技能上，不仅需要操作熟练，使无人机飞行平稳、流畅，自己还必须会调试无人机。

　　在心理上，素质要好，能做到心静如止水，眼中只有无人机。

职业出路：运动员、军人、教练、教师和试飞员。

10.2.2   试飞员

担任无人机飞行及关键零部件试验任务的无人机驾驶员，主要凭个人经验通过操控无人机试飞摸索出无人机研发、试制中存在的不足和问题，提供改善、改进的想法。

职业出路：运动员、试飞员、无人机产品调试工和无人机产品检修工。

10.2.3   首席执行官

首席执行官（CEO）是企业中从事组织、管理并承担经营风险的人。无人机企业的 CEO 很多是从无人机玩家出身的，从喜欢无人机开始到研发、制造无人机，是一个从量变到质变的过程，从玩中找到了无人机的乐趣，找到了无人机开发的亮点，找到了无人机的不足，找到了无人机的创新点。

职业出路：无人机企业的 CEO、无人机企业的顾问、无人机企业的董事。

10.2.4   工程师

无人机行业的工程师能够帮助无人机企业界定问题，提高整个无人机企业的生产技术，确保无人机企业生产正常运转。工程师是无人机企业产品迭代、测试原型机的参与者、设计者，能让无人机新品快速上市。出色的无人机驾驶员能够成为无人机行业的工程师。

职业出路：无人机企业的工程师、无人机产品的质量师、无人机产品的研究员。

10.2.5   销售员

面对如火如荼的无人机新产品市场、教育市场的竞争，攻城略地的王者就是无人机专业的销售员。优秀的无人机驾驶员既能够进行无人机产品的现场演示，又能够讲深、讲透无人机的特性、特点，对推广无人机新产品，或开拓无人机教育、培训市场，是不可多得的人才。

职业出路：无人机产品的销售员、无人机产品的策划师、无人机产品的培训员。

10.2.6　职业经纪人

资深的无人机驾驶员能够担任无人机职场的管家,即无人机职业经纪人,能从以下方面帮助无人机新人和同行:

1）工作意向 + 职业困惑 + 职业成长。

2）推荐职位 + 导师约见 + 职场进阶。

3）结识同行 + 建立个人职业圈子。

4）介绍无人机相关的业务。

职业出路:无人机职业的经纪人、无人机职业的规划师、无人机业务的中间人。

10.2.7　教师

普及无人机知识和技能,开发学生无人机方面的智力、能力,需要大量的无人机方面的专业教师。热爱教育事业,具有较强表达能力而又成熟的无人机驾驶员,将是这个岗位和职业的最佳的人选。无人机现场教学如图10-2所示。

职业出路:无人机专业教师、无人机专业实训教师、无人机专业培训师。

图 10-2　无人机现场教学

10.2.8　教练

教练指导、训练和督导学生、学员、运动员完成无人机训练、比赛任务。

职业出路:无人机专业教练、无人机专业教师、无人机专业培训师。

10.2.9　裁判

裁判是无人机竞赛中,负责维持赛场秩序,并根据竞赛规则,对运动员竞赛成绩和竞赛中发生的各种问题做出评判、裁决的人员。

职业出路:无人机专业裁判、无人机专业技术顾问、无人机专业技术指导。

10.2.10 解说员

1. 作用

（1）带来乐趣　让观众更加轻松、更加有趣，带着感情去观看一场无人机竞技，让整场比赛变得更加精彩和充满乐趣。

（2）提高观众观赛效果　在无人机赛场上，无人机解说员的语速、语音、语调、节奏、表情、动作、姿态都会影响观众观赛效果。

（3）爱国主义宣传　观众在欣赏一场无人机比赛直播或转播时，往往会在战队中寻找自己情感喜好归属的一方作为主队，而将其他队作为客队。无人机解说员情绪方面的引导，将使观众的这种具有倾向性的感情扩大化，从而不断调动观众的观赏情绪，营造出紧张激烈的对抗。在国际无人机比赛中，爱国情绪也会使观众在欣赏赛事的过程中产生明显的情感倾向，所以国际无人机赛事解说也是进行爱国主义宣传的重要方式。

2. 解说内容

对无人机竞技比赛相关活动进行解说，与传统体育解说类似，都是通过语言、画面和文字等手段对一切与无人机比赛相关的活动进行描述、分析、评论、预测和烘托等的一种播音形式，如图10-3所示。

图 10-3　赛场解说

职业出路：无人机专业技术解说、无人机专业专业裁判、无人机专业技术顾问。

宁夏航拍　　　　航拍丹江口

10.2.11 航拍

1. 职业

无人机航拍可以作为优秀无人机驾驶员创业、谋生的好职业。无人机航拍能提供不可代替的视角，在难以达到的高度俯视全貌，传达一种宏观形象，提供焕然一新的冲击感和全新的视觉享受。

2. 航拍内容

航拍内容主要涉及人、景、新闻、故事、人文、情怀。

3. 职业出路

航拍工作者、新闻记者、电影特技拍摄者、媒体工作者、自媒体工作者、航拍专业教师、宣传广告制作者、宣传工作者、旅游宣传者和文案作者。

10.2.12　表演

无人机空中编
队表演

1. 职业

无人机表演，将无人机作为表演元素，已经发展成一个职业，这也让普通的无人机从技术话题，逐渐变成了艺术话题。

2. 表演

运用科技与艺术的融合探索，无人机与声、光、电以及其他"传统"表演形式和载体的结合，可以碰撞出许多意想不到的新奇体验，在空间里创造出震撼的视觉与艺术价值，如图 10-4 所示。

3. 职业出路

无人机专业表演人员、无人机表演专业教师、无人机表演专业培训师、无人机编队研究人员、无人机编队专业开发人员、无人机编队专业调试人员和无人机编队专业操控人员。

图 10-4　无人机飞行空中
编队表演

（图片源自：乐迪）

10.2.13　农业植保

1）无人机进行农业植保能有效地解决农业生产人力不足、成本高、人工效率低、人工作业危害健康等一系列问题，无人机在全国的农业市场上将大有作为。

2）职业出路：植保无人机操作员、植保无人机维修人员、植保无人机专业指导教师、植保无人机培训师和植保无人机销售员。

10.2.14　电力巡线

1）无人机进行电力巡线能有效地解决传统电力巡线数据不直观、精度低、再利用程度不高、作业强度大、作业周期长及复杂地区难以作业等问题，无人机在电力部门将有望全面取传统电力巡线方式。

2）职业出路：电力巡线无人机专业操控人员、电力巡线无人机专业维护人员、电力巡线无人机专业培训教师、电力巡线无人机专业实训指导教师和电力巡线无人机专业销售人员。

10.2.15　石油、天然气管道巡线

1）石油、天然气管道巡检难点特别多，不仅仅是具有易燃、易爆等高危险性，而且线路特别长，许多线路埋在地下，出现问题不易被及时发现，把无人机的优势应用到石油、天然气管道巡线将是大势所趋，也是未来的发展方向。

2）职业出路：石油、天然气管道巡线无人机专业操控人员，石油、天然气管道巡线无人机专业维护人员，石油、天然气管道巡线无人机专业培训教师，石油、天然气管道巡线无人机专业实训指导教师，石油、天然气管道巡线无人机专业销售人员。

10.2.16　环保

1）要彻底打赢大气污染防治攻坚战，还大众一片蓝天白云，只依靠传统的环保手段显然是不够的，这是由于大气污染涉及范围特别广，而且其气体成分也比较复杂，又极其易于流动和扩散，往往难以快速、实时、精准地获取监测数据，并且难以辨别出污染空气的直接来源地，运用"无人机 + 传感器 + 红外线"，可以白天、晚上对区域内进行 24h 的实时监控，有利于寻找污染源，及时进行处置。

2）职业出路：环保无人机专业操控人员、环保无人机专业测试人员、

环保无人机专业维护人员、环保无人机专业教师、环保无人机专业实训指导
教师和环保无人机专业销售人员。

10.2.17　江河

1）江河湖泊是陆地生态系统的重要组成部分，是维护自
然界生态平衡的关键因素。目前江河环境污染问题依然形势严
峻，由于水质的污染涉及面大而且范围特别广，又极其易于流
动和扩散，往往难以快速、实时、精准地获取监测数据，并且
难以辨别出污染水质的直接来源地，运用"无人机＋高精度
摄像机＋红外线"，就可以在白天、晚上对江河区域进行 24h 的实时巡查监
控，有利于寻找污染水质的污染源，并及时进行处置，如图 10-5 所示。

河道巡查

2）职业出路：河道巡查无人机专业操控人员、河道巡查无人机专业维
护人员、河道巡查无人机专业教师、河道巡查无人机专业培训指导教师和河
道巡查无人机专业销售人员。

图 10-5　无人机巡查江河

10.2.18　交通监控

1）由于恶劣天气、交通事故等突发情况导致发生交通拥堵时，由于有
车辆违法占用应急车道，这将会影响交通疏导和事故应急救援人员快速到达
现场，运用无人机进行实时空中交通监控，可以有效地发现堵点，及时进行
处置，如图 10-6 所示。

2）职业出路：交通监控无人机专业操控人员、交通监控无人机专业维
护人员、交通监控无人机专业培训教师、交通监控无人机专业实训指导教师
和交通监控无人机专业销售人员。

图 10-6　无人机进行实时交通监控

10.2.19　无人机快递

1）无人机快递可以解决偏远地区配送问题，提高配送效率，降低人力成本，当国家的低空领域全面放开后，无人机快递将有望取代人工快递，如图 10-7 所示。

2）职业出路：无人机快递专业操控人员、无人机快递专业维护人员、无人机快递专业培训教师、无人机快递专业实训指导教师和无人机快递专业销售人员。

图 10-7　无人机快递

（图片源自：京东）

10.2.20　消防

1）随着城市建设的快速发展，高层建筑越来越多，对高层建筑的灭火一直是一个难题，其原因是大型消防车其水枪的水压能达到的高度有限，而消防无人机则不受高度限制。

2）职业出路：消防无人机专业操控人员、消防无人机专业维护人员、消防无人机专业培训教师、消防无人机专业实训指导教师和消防无人机专业销售人员。

10.2.21　遥感测绘

1）无人机通过遥感测绘能快速准确地获取某区域内的地物信息，整合、普查土地资源，为工程建设前期提供相关资料和后期效果，为国家数字城

市建设提供基础数据,如图
10-8所示。

图 10-8　无人机遥感测绘

（图片源自：山河科技）

2）职业出路：地理、地
质遥感测绘人员，建筑测绘、
设计人员，铁路工程建筑测
绘人员、土地资源测绘普查
人员，地理、地质遥感测绘
专业教师，地理、地质遥感
测绘专业实训指导教师，遥
感测绘无人机专业销售人员。

10.2.22　送礼

1）礼品送达方式的改变，体现了时代的进步，采用炫酷无人机送达礼
品，受赠人收获的惊喜必定非常难忘。

2）职业出路：无人机专业婚礼操控人员、无人机专业送礼操控人员、
无人机专业送礼培训教师、无人机专业送礼实训指导教师、无人机专业送礼
营销师和无人机专业送礼策划师。

📖 **小知识**　　我们的征途——中国探月工程（第 1 集）

复习思考题

1. 无人机是_____（_____）的简称，是指利
   用_____设备和_____的_____，可在_____的条件下，
   完成复杂的空中飞行和_____任务，是飞行的"_____"。
2. 无人机与_____是_____、_____分离，靠_____进行
   相连而_____，无人机的_____会有一个_____，因此，
   无人机驾驶员必须经过_____的_____，取得无人机驾驶员的
   _____，才能胜任驾驶无人机，完成专业无人机的_____任务。

3. 对于微型无人机驾驶员，虽然_____，但必须要有较强的_____飞行的专业技能，这也是迈向_____、_____无人机驾驶员的_____。

4. 无人机运动员在_____上不仅需要_____，_____、_____，还必须要自己会_____无人机。

5. 无人机运动员在_____上_____要好，能做到：_____，_____。

6. _____员是担任无人机_____任务的无人机驾驶员，主要凭_____，通过操控无人机_____摸索出无人机_____、_____中存在的_____和_____，提供_____、_____的想法。

7. 无人机的_____是无人机界的_____，帮助无人机企业_____，_____整个无人机企业的_____，企业_____、_____、_____，能让无人机_____从_____到_____。

8. 面对_____的无人机_____市场、_____市场的竞争，_____的王者，就是无人机专业的_____。

9. 无人机_____能提供_____，从难以达到的_____。

10. 无人机进行_____有效地解决了_____不直观、_____、_____、_____、_____及复杂地区难以作业等问题，无人机在_____部门将有望全面取代传统_____方式。

11. 无人机进行_____能有效地解决农业_____、_____、_____不高、_____等一系列问题，无人机在全国的农业市场上_____。

12. 无人机快递可以解决_____地区的_____问题，提高_____，_____，当国家的_____全面放开后，无人机_____将有望_____。

13. 无人机通过_____能快速准确地获取某地区域内的_____，_____、普查_____，为工程建设前期提供相关资料和后期效果，为国家_____建设提供_____。

扫码查看答案

第 11 章　国内主要联盟、俱乐部、战队

➡️ **知识目标**

　1）熟知国内主要无人机竞速联盟。

　2）熟知国内无人机俱乐部和无人机战队。

➡️ **能力目标**

　1）对国内主要无人机竞速联盟有比较全面的了解。

　2）对国内无人机俱乐部和无人机战队有比较全面的认知。

　3）与国内主要无人机竞速联盟、无人机俱乐部和无人机战队建立一定的关系，将有助于个人和团队无人机事业的发展。

➡️ **素质目标**

　树立无人机安全作业岗位意识。

11.1　竞速联盟

11.1.1　中国无人机竞速联盟

中国无人机竞速联盟（China Drone Racing Alliance，CDRA），成立于2016年初，总部在深圳。

中国无人机竞速联盟标志如图11-1所示。

中国无人机竞速联盟是国内第一家专注于无人机竞技、消费的产业联盟，成员包括珠江三角洲地区和港澳台30多家主要

图 11-1　中国无人机竞速联盟标志

消费类无人机（占据全国产量的 80%）企业、30 家无人机俱乐部，200 多位专业级无人机驾驶员和 5000 名无人机驾驶员业余爱好者。

图 11-2　中国无人机竞速大赛

中国无人机竞速联盟自成立以来，独立举办了中国无人机竞速大赛（图 11-2）和新疆大师竞速赛。已经承办、协办的赛事有：2016 年深南电路杯全国航空模型公开赛，韩国无人机大赛，美国夏威夷国际无人机竞速赛，韩国仁川无人机竞速赛，重庆、成都中航工业航空小镇竞速赛等。

代表中国参加的国际无人机竞速赛和取得的成绩如下：

1）2016 年迪拜竞速大奖赛，进入 32 强。

2）美国夏威夷国际竞速赛，全队进入 32 强，个人最好成绩是第 4 名。

3）韩国竞速赛，全队进入 32 强，个人最好成绩是第 7 名。

4）亚洲及日本竞速赛，个人最好成绩是第 5 名。

中国无人机竞速联盟与 6 个国外无人机竞赛组织和 20 多个国外无人机俱乐部有战略合作，并有国内、外无人机裁判团；已经积累了国内外十几场赛事主、协办经验；创办了中国无人机竞速大赛（全国巡回赛事）和在全国有多个无人机培训基地，具有无人机培训课程。

11.1.2　世界无人机竞速联盟

1）世界无人机竞速联盟（World Drone competition League，WDL），成立于 2020 年 1 月初，总部设在无锡。

2）竞速联盟的标志如图 11-3 所示。

3）世界无人机竞速联盟的主要成员国：荷兰、澳大利亚、新加坡、马来西亚、泰国、韩国、印度尼西亚和尼泊尔等 11 个国家。

图 11-3　世界无人机竞速联盟标志

4）未来工作的目标：

① 以智能科技为依托，将无人机竞赛运动与体育相结合，形成新型的智能科技体育赛事。

② 世界无人机竞赛联盟在 2020 年主办命名为 TUEO 的无人机竞速国际联赛。

③ 世界无人机竞速联赛将在国内城市组织 6~8 场分站赛，在国外组织 1~2 场分站赛，总决赛于 2020 年 10 月在我国无锡举办。

④ 建设与完善世界无人机竞赛联盟运营总部，建设与完善无人机竞赛的训练基地，充分发挥样板效应和示范作用，立足无锡，服务全国，面向世界。

⑤ 完善针对教练员、裁判员、运动员相关规则和标准，开展各类培训。

11.2　俱乐部

11.2.1　SP 俱乐部

SUPER PULSE——超级脉冲竞速无人机俱乐部（简称 SP 俱乐部）成立于 2017 年 1 月 1 日，由全国地方性战队（深圳 KFP、江西 B6FPV、湖南 LA–TEAM）以及国内、外著名无人机驾驶员共同组建，会员已经覆盖中国、美国、新西兰、马来西亚等国家和地区，注册会员达 1100 人。

SP 俱乐部标志如图 11–4 所示。

SP 俱乐部分会已经有株洲、长沙、深圳、清远、青岛、西安、成都、北京、宜兴、武汉、杭州共 11 处。

自 SP 俱乐部成立以来，每年一届的 SP 天梯榜赛，成为众多民间无人机驾驶员最为期待的一场比赛。该赛事不要求运动员到达指定的地点进行竞技，只需按照赛事要求自行摆放赛道，录制 DVR 视频即可参赛。目前，天梯榜赛已举办了 2 届，全球各地无人机驾驶员慕名前来刷榜，也获得了无人机产业专家们的青睐。

图 11–4　SP 俱乐部标志
（图片源自：SP 俱乐部）

11.2.2　聚航 FPV 穿越机俱乐部

　　聚航 FPV 穿越机俱乐部成立于 2016 年初，总部设在安徽。现在俱乐部已从地方开始走向全国，分会有江西、广东、浙江、江苏 4 处，正式会员 50 余人，主力无人机驾驶员 15 名。

　　俱乐部标志如图 11-5 所示。成员葛龙生、马程分别担任了中国无人机国家队教练与助理教练。

图 11-5　聚航 FPV 穿越机俱乐部标志

11.2.3　北京 FPV 穿越机俱乐部

　　北京 FPV 穿越机俱乐部简称北穿，成立于 2016 年，地址在北京。俱乐部标志如图 11-6 所示。

图 11-6　北京 FPV 穿越机俱乐部标志

（图片源自：北穿俱乐部）

11.2.4　北京 TCKFPV 俱乐部

　　北京 TCKFPV 俱乐部全名为 "Team Cockatoo"，成立于 2015 年。俱乐部标志如图 11-7 所示。2018 年，北京 TCKFPV 俱乐部创办了无人机创客教育子品牌 "SGLRT"，公众号为 "星奇实验室"，官方网站为 www.sglrt.com。训练赛场如图 11-8 所示。

图 11-7　北京 TCKFPV 俱乐部标志

图 11-8　训练赛场

（图片源自：北京 TCKFPV 俱乐部）

11.2.5 畅飞青少年无人机俱乐部

畅飞青少年无人机俱乐部成立于 2016 年，地点在大连，是东北地区第一家专业青少年无人机教育、培训机构。俱乐部标志如图 11-9 所示。

图 11-9 畅飞青少年无人机俱乐部标志

（图片源自：畅飞青少年无人机俱乐部）

该俱乐部训练场地在大连市西岗区高尔基路 144 号，室内训练场地面积为 500m²，如图 11-10 所示。

图 11-10 室内训练场地

（图片源自：畅飞青少年无人机俱乐部）

主讲教师周山是"中国无人机十大飞手"之一。

11.2.6 星辰无人机竞技俱乐部

星辰无人机竞技俱乐部（SDC）成立于 2015 年，总部在无锡。俱乐部标志如图 11-11 所示。

该俱乐部会员有 30 余名，为来自长三角地区的无人机驾驶员、青少年学员、业余爱好者、无人机企业负责人，主要活动是开展培训。

图 11-11 星辰无人机竞技俱乐部标志

（图片源自：星辰无人机竞技俱乐部）

该俱乐部以制作穿越机原创教

程为特色，有专门 FPVRACE 自媒体，国内首家做赛事直播、无人机驾驶员访谈节目。

11.2.7 灰熊 FPV 穿越机俱乐部

灰熊 FPV 穿越机俱乐部（简称灰熊俱乐部）成立于 2015 年 12 月，地址在深圳。俱乐部标志如图 11-12 所示。

灰熊俱乐部以穿越机竞技文化为先导，发挥自身的优势（固定翼、四轴穿越机），集竞技、赛事组织、无人机教育、飞行器研发与销售于一体，已经独立研发出了载人无人机，如图 11-13 所示。

图 11-12 灰熊 FPV 穿越机俱乐部标志　　图 11-13 载人无人机

（图片源自：灰熊俱乐部）

11.2.8 创世泰克运动无人机俱乐部（TEAM TransTEC）及（FPV Drone）职业队

该俱乐部成立于 2016 年，总部在深圳。俱乐部标志如图 11-14 所示。

图 11-14 创世泰克运动无人机俱乐部标志

（图片源自：创世泰克）

该俱乐部会员在 2000 人以上，其中国内外飞手团队就有 50 人以上，遍布中国、韩国、加拿大、菲律宾、澳大利亚、美国、德国、荷兰、英国、西班牙、挪威、比利时、马来西亚等国家和地区。室内培训场地如图 11-15 所示。

图 11-15　室内培训场地

（图片源自：创世泰克）

该俱乐部主办、协办赛事有：2016—2018 年创世杯穿越机锦标赛，2018 世界无人机锦标赛 / 选拔赛，2018 DroneGP 无人机竞速大赛上海站、南京站，2019 黑风体育穿越机中国公开赛。

11.3　战队

11.3.1　中国香港 dronezbase 队

中国香港 dronezbase 队成立于 2016 年，地址在香港。 dronezbase 队标志如图 11-16 所示。

该战队已经组织、参加了国内外各类比赛，如 DCL、IDRA、DroneGP、DSI 及 2019 的 DRL 比赛。

图 11-16　中国香港 dronezbase 队标志

（图片源自：dronezbase）

11.3.2　攻队

攻队组建于 2015 年，所在地为东莞，现有 9 名队员，分别来自全国各地。攻队标志如图 11-17 所示。

攻队从 2015 年开始参加国内各种无人机、航模比赛，参加过 D1/3DX/ 深南电路杯、西乡腾飞杯等比赛，并获得 2017 年深南电路杯比赛无人机竞速冠军。

图 11-17　攻队标志

（图片源自：攻队）

该战队以航模、无人机相关工作为主，经常参加各种无人机比赛和聚会。

11.3.3　DGP无人机竞速联赛团队

该队成立于2017年，业务覆盖无人机竞速赛事运营及内容制作。

DGP无人机竞速联赛团队为DGP赛事版权方，拥有无人机、长距离立体赛道信号覆盖等知识产权。该队有体育赛事节目制作能力及分发渠道，在国内首个实现无人机竞速赛事实况转播；2018年已经举办了5场赛事，与新浪、bilibili、爱奇艺、虎牙、斗鱼等平台实现赛事直播，单场在线观看人数超过500万以上；赛事海外内容覆盖20多家电视台及机构，70个国家及地区。

11.3.4　承星智创

承星智创成立于2013年，所在地为宜兴。

承星智创标志如图11–18所示。

图 11–18　承星智创标志

（图片源自：承星智创）

📖 小知识　开启"共享竞合铁塔模式"的交割单

参考文献

［1］杨宇．无人机模拟飞行及操控技术［M］．西安：西北工业大学出版社，2019．

［2］贾恒旦，郭彪．无人机技术概论［M］．北京：机械工业出版社，2018．

［3］何华国．无人机飞行训练［M］．北京：高等教育出版社，2017．

［4］David McGriffy．无人机制作指南［M］陈立畅，张佳进，林建阅，等译．北京：人民邮电出版社，2018．

［5］高桥隆雄．青少年无人机制作指南［M］．陈刚，译．北京：北京科学技术出版社，2017．

［6］陈志旺．四旋翼飞行器快速上手［M］．北京：电子工业出版社，2017．

［7］车敏．无人机操作基础与实战［M］．西安：西安电子科技大学出版社，2018．

［8］杨苡，戴长靖，孙俊田．无人机操控技术［M］．北京：机械工业出版社，2020．